基于 ANSYS 的机械结构有限元分析实训教程

刘 杨 汪 博 李朝峰 孙 伟 编著

机械工业出版社

本书共分9章，第1章主要介绍了有限单元法的发展历史，有限单元法的特点，主流有限元分析软件，有限单元法的一些基本概念（形函数、单元刚度矩阵、单元组集原理、边界条件的引入、静力学方程的求解）以及有限单元法的求解步骤；第2章介绍了有限元分析软件——ANSYS分析实际问题的分析流程、操作步骤及参数化编程技术；第3～8章从实际应用出发，以叶盘、齿轮结构、齿轮箱体、CVT无级变速器箱体、电主轴系统及机床床身－立柱系统为研究对象，采用GUI方式按步骤对操作过程进行了详细的讲解，且在每个实例的后面还列出了分析过程的命令流文件；第9章针对有限元软件分析过程中容易犯错的难点问题——接触分析进行了深入的分析和讲解，分析了常见的错误操作过程，以GUI方式详细介绍了接触分析的正确操作步骤和流程，并附上了命令流文件。

　　本书能够为机械设计领域的高等院校学生及科研院所的研究开发人员提供开发经验和指导。

图书在版编目（CIP）数据

基于 ANSYS 的机械结构有限元分析实训教程／刘杨等编著 . —北京：机械工业出版社，2019. 8
ISBN 978-7-111-63057-9

Ⅰ . ①基…　Ⅱ . ①刘…　Ⅲ . ①机械工程 – 结构分析 – 有限元分析 – 应用软件 – 教材　Ⅳ . ①TH-39

中国版本图书馆 CIP 数据核字（2019）第 126238 号

机械工业出版社（北京市百万庄大街 22 号　邮政编码 100037）
策划编辑：郑小光　责任编辑：王　良
责任校对：李　伟　封面设计：姚奋强
北京宝昌彩色印刷有限公司印刷
2019 年 9 月第 1 版第 1 次印刷
170mm × 240mm · 16. 75 印张 · 370 千字
标准书号：ISBN 978-7-111-63057-9
定价：58. 00 元

电话服务　　　　　　　　　　网络服务
服务咨询热线：010-88361066　　机工官网：www. cmpbook. com
读者购书热线：010-68326294　　机工官博：weibo. com/cmp1952
　　　　　　　　　　　　　　　金书网：www. golden-book. com
封底无防伪标均为盗版　　　教育服务网：www. cmpedu. com

前　　言

计算机辅助工程（CAE）作为一项跨学科的数值模拟分析技术，已经越来越受到科技界和工程界的重视。许多大型的 CAE 分析软件，尤其是 ANSYS 公司研制的大型通用有限元分析软件已经非常成熟，不仅在科学研究中普遍采用，而且在工程上应用得也十分广泛。计算机辅助技术已经成为高等院校本科、研究生教学体系中不可缺少的一环，是高校毕业生应当具备的基本能力之一。本书兼顾基本的有限元分析理论与方法，结合作者多年的科研经历，从实际应用出发，对操作过程和步骤进行讲解。

本书主要面向在校大学生与研究生，为其提供学习有限单元法的工具，使其能够快速掌握有限元相关基础理论，具备使用有限元软件分析处理机械工程领域实际问题的能力。本书结合作者多年的科研实践经历，以叶盘、齿轮结构、齿轮箱体、CVT 无级变速器箱体、电主轴系统及机床床身－立柱系统为研究对象，合理配置了大量示例问题，对相关概念进行了深入浅出的讲解，可供相关研究开发人员参考借鉴。

本书第 1、6、9 章内容由东北大学机械工程与自动化学院刘杨副教授编写；第 7、8 章内容由汪博副教授编写；第 4、5 章内容由李朝峰副教授编写；第 2、3 章内容由孙伟教授编写。由于本书的作者都是多年讲授本科生课程《弹性力学及有限单元法》的授课讲师，对有限元分析方法及其理论有着较深入的理解和认知，可以说，对有限元理论与商用有限元分析软件操作讲解两者的兼顾是本书的独到之处。

本书为了方便读者的阅读，特地将需要单击的按钮，输入数值的文本框、勾选的单选框等操作步骤，用图框在相应步骤的屏幕截图中标示出来，以方便读者，特别是初学者在学习时能够进行图文对照的学习。

东北大学机械工程与自动化学院的闻邦椿院士对本书提出了许多建

设性的意见，在此表示衷心的感谢。东北大学机械工程与自动化学院硕士生孟庆宇、马亚新、辛喜成、明帅帅、薛曾元、赵宇来、赵思瑶、韩继远、奚方权、于双赫、鄢欣欣、李津涛在本书的编写过程中对各个例题进行了校审和修改。感谢机械工业出版社对本书的出版所做的重要贡献。

在此，作者向所有关心本书出版的领导、老师、亲人和朋友致以诚挚的谢意。

由于作者水平有限，所写的教程难免会出现不少的错误，敬请读者提出批评。

作者
2019 年 4 月

目　　录

第1章 有限单元法简介

1.1 有限单元法的发展历史

有限单元法（Finite Element Method，FEM），又称为有限元法，是一种有效解决数学问题的解题方法，其基础是变分原理和加权余量法，是由力学和计算机技术相结合而逐步发展起来的一种进行工程分析的强有力的数值计算方法（图 1.1）。有限单元法主要应用于机械制造、土木建筑、航空航天、电子电器、材料加工、国防军工、船舶、交通和石化能源等工程领域。商业化有限元软件已经在固体力学、流体力学、热传导、电磁学、声学和生物力学等领域得到广泛应用，并已经成为数学、物理等领域通用的重要分析工具，具有准确、灵活、快速等特点。

有限单元法的基本思想提出可以追溯到 20 世纪 40 年代初，有人尝试使用一维单元（杆和梁）求解连续体中的应力，并提出了变分形式的应力解。20 世纪 50 年代中期以后，Turner 等人首次推导并使用了二维单元（二维三角形单元和矩形单元）进行平面问题的求解，并得出了总体刚度矩阵。Clough 在 1960 年使用平面单元对平面问题进行应力分析时，首次提出了"有限元"这一术语。20 世纪 70 年代以后，随着计算机技术的不断发展，有限单元法也随之迅速地发展起来。当前，有限单元法技术蓬勃发展，不仅已经成为结构分析中必不可少的工

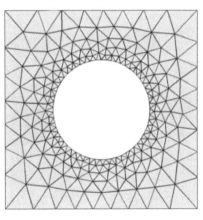

图 1.1 有限单元法示意

具，而且其应用已由弹性力学平面问题扩展到空间问题、板壳问题，由静力平衡问题扩展到稳定问题、动力问题和波动问题。分析的对象从弹性材料扩展到塑性、黏弹性、黏塑性和复合材料等，从固体力学扩展到流体力学、渗流与固结理论、热传导与热应力问题、磁场问题以及建筑声学与噪声问题。

1.2 有限单元法的特点

有限单元法的实质是最小势能原理的应用，其核心在于使用离散的方式组合表

达全几何场上的形函数而不是直接寻找全场上的形函数，即对连续体的求解域进行单元剖分与分片近似，通过边缘节点相互连接成为一个整体，然后利用各单元内假设的近似场函数来分片表示整个求解域内的未知场变量，结合相邻单元公共节点场函数值相同的条件，将待求解场函数的无穷自由度问题，转化为求解场函数节点值的有限自由度问题。最后采用与原问题等效的变分原理或加权余量法，建立求解场函数节点值的代数方程组或常微分方程组，并采用各种数值方法求解，从而得到问题的解答。

有限单元法的优点如下：①适用范围广。有限单元法的场函数选择灵活，一般能够应用于固体、流体、热传导、电磁学和声学等多种场问题的分析。②边界几何形状适应性强。可以处理任意的几何形状和一般的边界条件，还可以处理非均匀的和各向异性的材料，即可以处理由各种不同材料组成的、任意几何形状的对象。③具有较好的稳定性和收敛性。有限单元法的数学基础是积分形式的变分原理或加权余量法，把数理方程的求解等效为定积分运算和线性代数方程组或常微分方程组的求解。只要保证数学模型的正确性和方程组求解算法的稳定性和收敛性，并选择收敛的单元形式，其近似解总能收敛于数学模型的精确解。④便于计算机处理。有限单元法采用矩阵形式和单元组装方法，每一个步骤都便于实现计算机软件模块化运算。

对于机械结构而言，有限单元法能够将具有多个自由度的结构连续体离散化为有限个自由度的单元集合体，且单元之间仅在节点处相连接。这样，只要确定了单元的力学特性，就可以进行规范化的求解。随着计算机技术的发展，有限单元法的应用越发广泛和普遍。在机械工程领域中，有限单元法的应用包括以下几个方面：①静力学分析，即求解外部载荷不随时间变化或随时间变化缓慢的机械系统平衡问题；②模态分析，即求解关于系统的某种固有特征值或稳定值的问题；③瞬态动力学分析，即求解所受外部载荷随时间发生变化的动力学响应问题；④非结构力学分析，主要有热传导（温度场）、噪声分析与控制、结构、热和噪声等多维场有限元耦合分析。在机械工程领域，能够求解由杆、梁、板、壳和块体等各类单元构成的弹性（线性和非线性）、弹塑性或塑性问题（包括静力和动力问题），求解各类场分布问题（流体场、温度场、电磁场等的稳态和瞬态问题），求解水流管路、电路、润滑、噪声以及固体、流体、温度相互作用等问题。

1.3　有限单元法的部分基本概念

有限单元法的基本原理是变分原理，求解的问题可以简化为弹性力学问题。弹性力学问题的求解方法可以按求解方式分为两类，即解析方法和数值算法。解析方法是通过弹性力学的基本方程和边界条件简化处理的方式进行求解，但在实际问题中能够用解析方法进行精确求解的弹性力学问题占比很小，而数值算法，如有限单元法、有限差分法和离散元法等则实际应用范围较广，能够解决绝大多数工程实际中的弹性力学问题。下面将简要介绍有限单元法相关的一些基本概念。

1.3.1　形函数

形函数不仅可以用作单元内的位移插值函数，把单元内任一点的位移用节点位移表示，而且可作为加权余量法中的加权函数，可以处理外载荷，将分布力等效为节点上的集中力和力矩。形函数的核心思想是将单元的位移场函数表示为多项式的形式，然后利用节点条件将多项式中的待定参数表示成位移场函数的节点值和单元几何参数的函数，从而将场函数表示成节点值插值形式的表达式。形函数主要取决于单元的形状、节点类型和单元的节点数目。单元的类型和形状决定于结构总体求解域的几何特点及待求解问题的类型和求解精度。

在单元形函数的推导过程中，位移模式的确定是先决条件。单元中的位移模式一般采用设有待定系数的多项式作为近似函数，可利用帕斯卡三角形对不同类型的单元位移模式加以确定，这样制定的位移模式，能够满足有限元的收敛性要求。相应地可以得到单元的形函数矩阵。以杆单元为例，可做如下推导。

如图 1.2 所示，设单元内的一维位移场函数 $u(x)$ 沿着 x 轴呈线性变化，即

$$u(x) = a_1 + a_2 x \qquad (1\text{-}1)$$

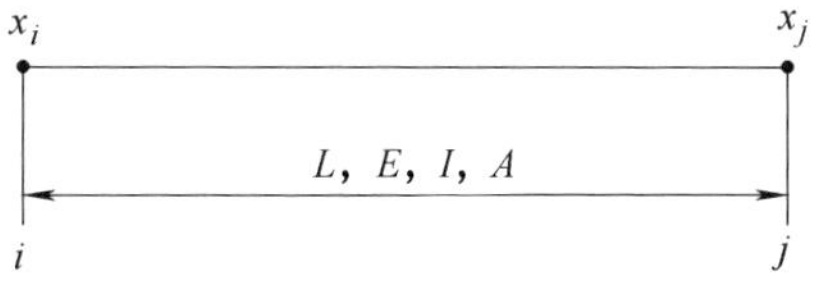

转换成向量形式为

图 1.2　一维一次两节点单元

$$u(x) = \begin{bmatrix} 1 & x \end{bmatrix} \begin{Bmatrix} a_1 \\ a_2 \end{Bmatrix} \qquad (1\text{-}2)$$

设两个节点的坐标为 x_i，x_j，两节点的位移分别为 u_i，u_j。代入上式可以解出 a_1，a_2，即

$$\begin{Bmatrix} a_1 \\ a_2 \end{Bmatrix} = \begin{bmatrix} 1 & x_i \\ 1 & x_j \end{bmatrix}^{-1} \begin{Bmatrix} u_i \\ u_j \end{Bmatrix} \qquad (1\text{-}3)$$

这样，位移场函数 $u(x)$ 可以写成形函数与节点参数乘积的形式

$$u(x) = \begin{bmatrix} 1 & x \end{bmatrix} \begin{bmatrix} 1 & x_i \\ 1 & x_j \end{bmatrix}^{-1} \begin{Bmatrix} u_i \\ u_j \end{Bmatrix} \qquad (1\text{-}4)$$

得到形函数矩阵为

$$\boldsymbol{N} = \begin{bmatrix} 1 & x \end{bmatrix} \begin{bmatrix} 1 & x_i \\ 1 & x_j \end{bmatrix}^{-1} = \frac{1}{\begin{vmatrix} 1 & x_i \\ 1 & x_j \end{vmatrix}} \begin{bmatrix} x_j - x & x - x_i \end{bmatrix}$$

$$= \begin{bmatrix} N_i & N_j \end{bmatrix} = \begin{bmatrix} \dfrac{x_j - x}{x_j - x_i} & \dfrac{x - x_i}{x_j - x_i} \end{bmatrix} \qquad (1\text{-}5)$$

　　单元形函数与问题解的收敛性直接关联。对于一个有限元计算方法，一般总希望随着网格的逐步细分，所得到的解答能够收敛于问题的精确解。根据前面的分析，在有限元中，一旦确定了单元的类型，位移模式的选择将非常关键。由于载荷的移置、应力矩阵和刚度矩阵的建立都依赖于单元的位移模式，所以，如果所选择的位移模式与真实的位移分布有很大的差别，将会很难获得良好的数值解。

　　当节点数目或单元插值位移的项数趋于无穷大时，即当单元尺寸趋近于零时，求得的解如果能够无限地逼近真实值，那么这样的形函数所求得的解是收敛的。可以通过图 1.3 来分析几种典型的解的收敛性情况。其中曲线 1 和 2 都是收敛的，但曲线 1 比曲线 2 收敛更快。而曲线 3 虽然趋向于某一确定值，但该值不是问题的真实值，所以其是不能收敛的。曲线 4 虽然最终逼近真实值，但它不能构成真实值的上界和下界，即近似解并不总是大于或小于真实值，因此曲线 4 不是单调收敛的，即其不是收敛的。对于曲线 5，其并不逼近真实值，而是相反而行，即其是发散的。

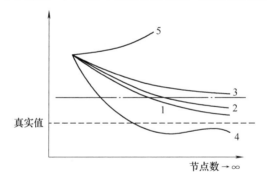

图 1.3　收敛性模拟

　　为了保证解的收敛性，位移模式要满足以下三个条件，即：

　　（1）位移模式必须包含单元的刚体位移。也就是当节点位移由某个刚体位移引起时，弹性体内将不会产生应变。所以，位移模式不但要具有描述单元本身形变的能力，而且还要具有描述由其他单元形变而通过节点位移引起单元刚体位移的能力。

　　（2）位移模式必须包含单元的常应变。每个单元的应变一般包含两个部分：一部分是与该单元中各点的坐标位置有关的应变，另一部分是与位置坐标无关的应变（即所谓的常应变）。从物理意义上看，当单元尺寸无限缩小时，每个单元中的应变趋于常量。

　　（3）位移模式在单元内要连续且在相邻单元之间的位移必须协调。当选择多项式来构成位移模式时，单元内的连续性要求总是得到满足的，单元间的位移协调性，就是要求单元之间既不会出现开裂也不会出现重叠的现象。通常，当单元交界面上的位移取决于该交界面上节点的位移时，就可以保证位移的协调性。

在有限单元法中，把能够满足条件（1）和（2）的单元，称为完备单元；满足条件（3）的单元，叫作协调做单元或保续单元。三角形单元和矩形单元，均能同时满足上述三个条件，因此都属于完备的协调单元。在某些梁、板及壳体分析中，要使单元满足条件（3）会比较困难，实践中有时也出现一些只满足条件（1）和（2）的单元，其收敛性往往也能够令人满意。放松条件（3）的单元，即完备而不协调的单元，已获得了很多成功的应用。不协调单元的缺点主要是不能事先确定其刚度与真实刚度之间的大小关系。但不协调单元一般不像协调单元那样刚硬（即比较柔软），因此有可能会比协调单元收敛得快。

选择多项式位移模式时，还应考虑多项式中的项数必须等于或稍大于单元边界上的外节点的自由度数。通常取项数与单元的外节点的自由度数相等，取过多的项数是不恰当的。可以证明，对于一个给定的位移模式，其刚度系数的数值比精确值要大。所以，在给定的载荷之下，有限元计算模型的变形将比实际结构的变形小。因此，细分单元网格，位移近似解将由下方收敛于精确解，即得到真实解的下界。

同时，形函数具有如下三个性质：

（1）形函数在各单元节点上的值，具有"本点为1、它点为0"的性质。

（2）在单元内任一位置上，各节点形函数之和等于1。

（3）单元任意一条边上的形函数，仅与该边两端的节点坐标有关，而与其他节点坐标无关。

1.3.2　单元刚度矩阵

单元刚度矩阵表征单元体的受力与变形之间的关系。单元刚度矩阵的推导步骤如下：

（1）建立坐标系，选择合适的单元离散连续体。

（2）确定相应的位移模式，以单元节点坐标来表示单元节点的位移。

（3）求解单元形函数，用节点位移表示单元内任一点的位移。

（4）求解单元应变矩阵，用节点位移表达单元内任一点的应变。

（5）用应变和节点位移表达单元内任一点的应力。

（6）应用虚位移原理建立节点力与节点位移之间的关系，形成单元刚度矩阵。

单元刚度矩阵的物理意义是其任一列的元素分别等于该单元的某个节点沿坐标方向发生单位位移时，在各节点上所引起的节点力。单元的刚度取决于单元的大小、方向和弹性常数，而与单元的位置无关，即不随单元或坐标轴的平行移动而改变。单元刚度矩阵一般具有以下特性：对称性和奇异性。

1.3.3　单元组集原理

在应用有限单元法求解实际问题的过程中，对单元刚度矩阵、载荷列阵等进行组集，求得整体刚度矩阵和载荷列阵的步骤不可缺少，进而能够得到描述整个弹性体平衡关系式的有限元方程。

以一维单元为例，每个节点只有 x 方向一个自由度。首先，引入整个弹性体的节点位移列阵 $\boldsymbol{q}_{n\times1}$，它由所有节点位移按节点整体编号顺序从小到大排列而成，即

$$\boldsymbol{q}_{n\times1} = \{q_1^T \quad q_2^T \quad \cdots \quad q_n^T\}^T \tag{1-6}$$

弹性体整体载荷列阵的确定。设一维单元的两个节点（1，2 节点）对应的整体编号分别为 i、j（i、j 的次序从小到大排列），每个单元两个节点的等效节点力分别记为 P_i^e，P_j^e。将弹性体离散后的所有单元节点力列阵 $\{P\}_{2\times1}^e$ 加以扩充，使之成为 $n\times1$ 阶的列阵，即

$$\boldsymbol{P}_{n\times1}^e = \left\{\begin{matrix} ^1 \\ \end{matrix} \quad \cdots \quad \begin{matrix} ^i \\ P_i^{eT} \end{matrix} \quad \cdots \quad \begin{matrix} ^j \\ P_j^{eT} \end{matrix} \quad \cdots \quad \begin{matrix} ^n \\ \end{matrix}\right\}^T \tag{1-7}$$

式中，T 代表转置；e 是单元。

在求得各单元扩充后的节点力列阵之后，将所有单元的节点力列阵叠加在一起，重叠的部分则进行简单的相加，便可得到整个弹性体的载荷列阵 $\boldsymbol{P}$。结构整体载荷列阵记为

$$\boldsymbol{P}_{n\times1} = \sum_{e=1}^{N} \boldsymbol{P}_{n\times1}^e = \{P_1^T \quad P_2^T \quad \cdots \quad P_n^T\}^T \tag{1-8}$$

由于结构整体载荷列阵是由移置到节点上的等效节点载荷按节点号码对应叠加而成，相邻单元公共节点内力引起的等效节点力在叠加过程中必然会全部相互抵消，所以结构整体载荷列阵只会剩下外载荷所引起的等效节点力，因此在结构整体载荷列阵中大量元素一般都为 0 值。

弹性体整体刚度矩阵的确定。以一维杆单元为例，将其 2 阶单元刚度矩阵 $\boldsymbol{k}^e$ 进行扩充，使之成为一个 $n\times n$ 阶的方阵 $\boldsymbol{k}_{ext}^e$。具体扩充方式如下，单元内的两个节点（1，2 节点）分别对应的整体编号 i 和 j，那么扩充后的单元刚度矩阵 $\boldsymbol{k}_{ext}^e$ 可以表示为

$$\boldsymbol{k}_{ext}^e = \begin{array}{c} \begin{matrix} 1 & \cdots & i & \cdots & j & \cdots & n \end{matrix} \\ \begin{bmatrix} \cdots & \cdots & \cdots & \cdots & \cdots & \cdots & \cdots \\ \vdots & & \vdots & & \vdots & & \vdots \\ \cdots & \cdots & \boldsymbol{k}_{ii} & \cdots & \boldsymbol{k}_{ij} & \cdots & \cdots \\ \vdots & & \vdots & & \vdots & & \vdots \\ \cdots & \cdots & \boldsymbol{k}_{ji} & \cdots & \boldsymbol{k}_{jj} & \cdots & \cdots \\ \vdots & & \vdots & & \vdots & & \vdots \\ \cdots & \cdots & \cdots & \cdots & \cdots & \cdots & \cdots \end{bmatrix} \begin{matrix} 1 \\ \vdots \\ i \\ \vdots \\ j \\ \vdots \\ n \end{matrix} \end{array}_{(n\times n)} \tag{1-9}$$

　　单元刚度矩阵经过扩充以后，除了对应的第 i、j 行和 i、j 列上的四个元素之外，其余元素均为零。

　　求得扩充后的单元刚度矩阵 $\boldsymbol{k}_{\text{ext}}^{e}$ 之后，将 N 个单元的扩充刚度矩阵 $\boldsymbol{k}_{\text{ext}}^{e}$ 进行叠加，与载荷列阵同理，重叠的部分进行简单的相加得到结构整体刚度矩阵

$$\boldsymbol{K} = \sum_{e=1}^{N} \boldsymbol{k}_{\text{ext}}^{e} \tag{1-10}$$

1.3.4　边界条件的引入

　　上面分析了单元刚度矩阵的组集过程，求得的整体刚度矩阵 $\boldsymbol{K}$ 是奇异矩阵，不能直接求解，只有在消除了整体刚度矩阵的奇异性之后，才能联立方程组并求解出节点位移。一般情况下，所要求解的问题，其边界往往具有一定的位移约束条件，本身已排除了刚体运动的可能性。整体刚度矩阵的奇异性需要通过引入边界约束条件、消除结构的刚体位移来实现。罚函数法能够简单、有效地引入边界条件。

　　罚函数法很容易通过计算机程序实现，其具体操作是将整体刚度矩阵 $\boldsymbol{K}$ 中与指定自由度位移有关的主对角元素乘上一个大数 C，将 F 中的对应元素换成指定的节点位移值与该大数的乘积。实际上，这种方法就是使 $\boldsymbol{K}$ 中相应行的修正项远大于非修正项。

$$\begin{bmatrix} K_{11} \times C & K_{12} & K_{13} & K_{14} \\ K_{21} & K_{22} & K_{23} & K_{24} \\ K_{31} & K_{32} & K_{33} \times C & K_{34} \\ K_{41} & K_{42} & K_{43} & K_{44} \end{bmatrix} \begin{Bmatrix} q_1 \\ q_2 \\ q_3 \\ q_4 \end{Bmatrix} = \begin{Bmatrix} \beta_1 K_{11} \times C \\ F_2 \\ \beta_3 K_{33} \times C \\ F_4 \end{Bmatrix} \tag{1-11}$$

　　可以看到，该方程组的第一个方程为

$$K_{11} \times C \times q_1 + K_{12} q_2 + K_{13} q_3 + K_{14} q_4 = \beta_1 K_{11} \times C \tag{1-12}$$

　　由于

$$K_{11} \times C >> K_{1j} \qquad (j = 2,3,4) \tag{1-13}$$

　　故有

$$q_1 = \beta_1 \tag{1-14}$$

　　同理可得

$$q_3 = \beta_3 \tag{1-15}$$

　　进而方程组降阶为 2×2 阶，同时可以求得 q_2 和 q_4 的值。

　　需要说明的是：这里所介绍的罚函数法只是一种近似的方法，求解的精度，取

决于 C 的选取。

C 的选取：

将式（1-12）除以 C，可以得到

$$K_{11}q_1 + \frac{K_{12}q_2}{C} + \frac{K_{13}q_3}{C} + \frac{K_{14}q_4}{C} = \beta_1 K_{11} \tag{1-16}$$

从上式中我们可以发现，如果 C 选得足够大，那么 $q_1 \approx \beta_1$，尤其是当 C 比刚度系数 K_{11}，K_{12}，$\cdots$，K_{1n} 大得多时，那么有 $q_1 \approx \beta_1$。

可以使用一个简单的方法来选取 C 值，即

$$C = \max |K_{ij}| \times 10^5 (1 \leqslant i \leqslant n, \quad 1 \leqslant j \leqslant n) \tag{1-17}$$

选用 10^5 对于大多数实际问题是适合的。可以通过一个简单的方式来验证，使用上述这个公式（比如用 10^5 或 10^6）来验证所得到的支反力的解相差是否很大。

1.3.5 位移及单元应力的求解

引入边界条件，消除了整体刚度矩阵奇异性的有限元方程组，对其进行求解即可得到节点位移，此时所求得的解是唯一的。实际上在整个有限元方程组的求解过程中，只有节点位移是求出量，而其他量值（应力、应变等）则是由位移值推导出来的。

静态有限元分析的计算结果主要包括位移和应力两方面。位移已经获得，而对于应力计算结果则需要推导。为了能根据计算结果推导出结构中任一点处的应力值，一般采用绕节点平均法或两单元平均法进行处理。

绕节点平均法，就是将环绕某一节点的各单元常应力加以平均，用以表示该节点的应力。为了使求得的应力能较好地表示节点处的实际应力，环绕该节点的各个单元的面积不应相差太大。一般而言，绕节点平均法计算出来的节点应力，在内节点处较好，而在边界节点处则可能很差。因此，边界节点处的应力不宜直接由单元应力平均来获得，而应该由内节点的应力进行推算。

两单元平均法，即把两个相邻单元中的常应力加以平均，用来表示公共边界中点处的应力。这种情况下，两相邻单元的面积也不应相差太大。

1.4 有限单元法的求解步骤

弹性力学有限单元法分析的主要步骤包括：

（1）结构的离散

将分析对象划分为有限个具有节点的单元体组合，并选择合适的建模方式（一维、二维或三维）。结构的离散通常需要考虑分析对象的结构形状与受力情况。节

点的多少及其分布的疏密程度会直接影响有限元分析计算的效率和精度。

（2）单元位移模式的确定

单元的位移模式通过单元的节点值进行定义，通常为线性、二次和三次多项式等形式。多项式的项数和阶数的选择应考虑单元的自由度和求解的收敛性要求。位移模式的选择是有限单元法分析中的关键，通过位移模式可以近似地表示单元位移分量随坐标变化的分布规律。

（3）推导单元刚度矩阵

通过位移模式能够得到单元的形函数矩阵，进而运用几何方程、物理方程、虚功原理推导出作用于单元上的节点力与节点位移之间的关系式，即单元刚度矩阵。

（4）等效节点力计算

在有限元分析中，由于分析对象的离散化，单元之间通过节点进行力的传递，集中载荷、分布载荷及体积力等都应转化作用于节点上，可根据静力等效的原则全部移置到节点上。

（5）整体平衡方程的建立

单元刚度矩阵可通过直接组集法或转换矩阵法组集成为分析对象的整体刚度矩阵；同样，在忽略单元间相互作用的内力基础上可建立整体力矩阵；以节点力平衡为基础，可以建立整体结构的平衡方程。

（6）边界约束条件的引入

总体刚度矩阵是行列式等于零的奇异矩阵，无法对整体平衡方程进行求解。引入边界条件（约束或支撑）可以消除奇异性，使结构固定而不作刚体运动，进而可对整体平衡方程进行求解。

（7）求解节点位移及单元应力

通过求解方程组可以得到各节点的位移，并利用几何方程与物理方程来得到各单元体内的应力与应变值。

1.5　有限元分析软件

"化整为零"是有限单元法最基本的求解思路，这样做使有限单元法的求解过程非常烦琐，计算量巨大。在 20 世纪 70 年代以前，计算机技术相对不够发达，使得应用有限单元法进行结构分析而得到的大量代数方程组无法快速求解而不能实际应用。直到 20 世纪 70 年代末期，大规模集成电路以及图形用户视窗界面技术的兴起大大提高了计算机的运算速度和可操作性，使得应用有限单元法求解复杂问题变得简单、可行，同时也带动了有限元技术的深入发展。近几十年来，大量基于有限元法的商业化软件和专用程序被开发出来，并应用于除工程学与数学物理学领域以外的流体力学、热力学、电磁学和声学等其他领域。

1966 年美国国家航空航天局（NASA）为了满足当时航空航天工业对结构分

析的迫切需求，邀请 MSC 公司开发了大型有限元应用程序 NASTRAN。之后的几十年里，随着有限元技术的快速发展，大批有限元分析软件应运而生，其中，较为著名的有 Algor、Abaqus、ANSYS、COSMOS/M、GT-STRUDL、LS-DYNA、MARC、MSC/NASTRAN、NISA、Pro/MECHANICA、SAP2000，STARDYNE 等。以上所有程序都具有杆单元、梁单元、平面应力单元和三维立体单元分析能力，在一些特定领域发挥着越来越重要的作用。

第 2 章 ANSYS 软件简介及基本操作

2.1 ANSYS 软件简介

ANSYS 是美国 ANSYS 公司研制的大型通用有限元分析软件,广泛应用于通用机械、航空航天、车辆、船舶、电子、压力容器、生物医学等领域,在国内外均有众多用户。自 ANSYS 7.0 开始,ANSYS 公司推出了 ANSYS 经典版(Mechanical APDL)和 ANSYS Workbench 版两个版本,并且目前均已开发至 18.2 版本。本章虽然对 ANSYS Workbench 也有提及,但主要针对 ANSYS 经典版(Mechanical APDL)进行介绍。

ANSYS 作为一个完整的有限元分析系统主要包括 3 个功能模块和两个支撑环境,即前处理(Pre-Processor)、求解(Solve)和后处理(Post Processor)模块,图形及数据可视化系统和数据库两个支撑环境。

2.2 ANSYS 用户界面

ANSYS 基于 Motif 标准创建了图形用户界面,用户可通过对话框、下拉菜单和子菜单等方式进行数据输入和功能选择,其主界面如图 2.1 所示,包括以下 8 个部分。

(1)实用菜单(Utility Menu)

实用菜单也称下拉式菜单,主要包括文件管理(File)、对象选择(Select)、信息列表(List)、图形显示(Plot)、显示控制(PlotCtrls)、工作平面设定(WorkPlane)、参数设置(Parameters)、宏命令(Macro)、菜单控制(MenuCtrls)和软件帮助(Help)等应用功能。该菜单为下拉式结构,单击相应的按钮完成相应操作。

(2)标准工具条(Standard Toolbar)

标准工具条主要完成使用较为频繁的功能,如文件新建、保存、打开、打印等。

(3)自定义工具条(ANSYS Toolbar)

自定义工具条主要包括一些快捷方式,常用的有存盘(SAVE-DB)、恢复(RESUME-DB)、退出系统(QUIT)等。用户也可根据需要自行编辑一些快捷方式。

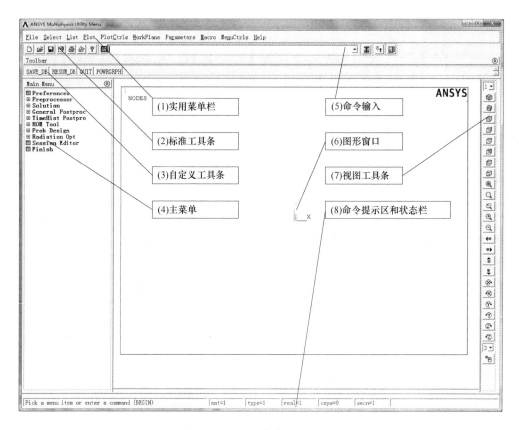

图 2.1 ANSYS 经典界面主界面

(4) 主菜单 (Main Menu)

主菜单为树状结构,基于分析流程排布操作命令的顺序,包括前处理器 (PREP7)、求解 (SOLUTION)、后处理器 (POST1 或 POST26) 等。主菜单是图形化 (GUI) 操作 ANSYS 最主要的工具。

(5) 命令输入 (Command Input)

用户可在此窗口输入命令 (主要是 APDL 语言) 来实现相关操作,也可浏览先前输入的命令。所有输入的命令将在此窗口显示。

(6) 图形窗口 (Graphic Window)

显示 ANSYS 创建或输入的几何模型、有限元模型和分析结果等信息。

(7) 视图工具条 (View Toolbar)

完成模型的缩放、旋转、视觉变换等操作。

(8) 命令提示区和状态栏 (Prompt Area and Status)

命令提示区提示用户在当前命令下应输入的信息,便于用户进行正确的操作和参数输入。状态栏用于显示当前 ANSYS 分析所处的状态,如单元类型、材料属性、实常数以及当前坐标系等。

此外，在启动 ANSYS 时同主界面一起出现的还有输出窗口，输出窗口显示用户执行的命令和功能及相关信息、模型信息等，如错误、警告、模型质量和体积等。

2.3　ANSYS 的组成及其主要功能模块

在使用 ANSYS 进行有限元分析的过程中，通常使用前处理模块（Preprocessor，简称 PREP7）、求解模块（Solution）和后处理模块（General Postproc，简称 POST1；TimeHist Postproc，简称 POST26）3 个模块。

（1）前处理模块

前处理模块主要用于建立（或导入）和编辑几何模型，以及分网生成有限元模型，主要包括：参数的定义（包括单元类型、单元实常数和材料参数等）；几何建模（三维 CAD 导入、自底向上的建模和自顶向下的建模）；网格划分（自由分网、映射分网、扫掠分网和自适应分网）。

（2）求解模块

求解模块的功能包括分析类型选择、求解算法选择、精度控制、结果输出控制和模型求解计算等。首先，用户设置分析类型、分析选项、求解算法、载荷数据和载荷步等内容，然后启动计算功能。计算完毕后，ANSYS 将求解结果自动保存到结果文件。ANSYS 的求解模块主要包括：结构静力学分析、结构动力学分析（模态分析、瞬态动力学分析、谐响应分析、谱分析和随机振动响应分析）、结构非线性分析、多体动力学分析、热分析、电磁场分析、流体动力学分析、声场分析和压电分析。

（3）后处理模块

后处理模块包括通用后处理模块（POST1）和时间 - 历程后处理模块（POST26）两部分。通用后处理模块主要用于查看单步静力结果、给定时间或指定载荷步的整体模型的响应结果，如静力分析、模态分析、屈曲分析、瞬态动力学响应分析、谱分析等结果的显示。通用后处理模块的显示方式包括图形显示、动画显示、数据列表显示、路径曲线显示等。时间 - 历程后处理模块用于查看模型中指定点的分析结果随时间、频率或载荷步等的变化关系，可实现从简单的图形显示和列表显示到数值微积分计算和响应频谱生成的复杂环境。

2.4　ANSYS 分析流程

总的来讲，使用 ANSYS 对机械结构进行各种分析包含以下 9 个关键步骤，具体为：建立几何模型；定义材料属性；定义单元类型；定义实常数；划分网格；设置边界条件；求解；后处理；结果分析等。以下以平面桁架为例，简要描述 ANSYS 的分析流程。

如图 2.2 所示的平面桁架结构，材料的弹性模量为 210 GPa，泊松比为 0.3，各杆件的截面面积均为 0.01 m²，试使用 ANSYS 求解该桁架结构在如图外力作用下的变形。

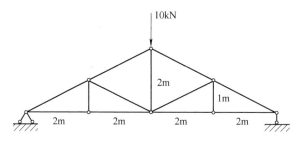

图 2.2　平面桁架结构

（1）建立几何模型

1）创建关键点

在 ANSYS 中，单击 Main menu > Preprocessor > Modeling > Create > Keypoints > In Active CS 命令，创建 K1 ~ K8 关键点。表 2.1 为各关键点的坐标，图 2.3 所示为创建的关键点。

表 2.1　各关键点的坐标

关键点	坐标值		
	x	y	z
1	0	0	0
2	2	0	0
3	2	1	0
4	4	0	0
5	4	2	0
6	6	0	0
7	6	1	0
8	8	0	0

2）创建线

在 ANSYS 中，单击 Main menu > Preprocessor > Modeling > Create > Lines > Lines > Straight Line 命令，按图 2.2 所示桁架结构依次连接各关键点，创建线。图 2.4 所示为由各关键点连成的线。

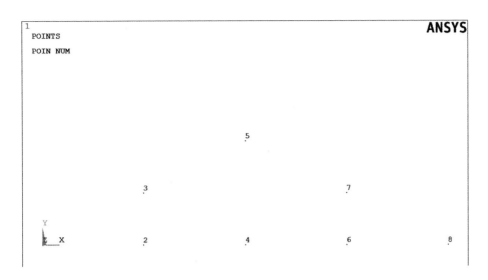

图 2.3　图形窗口中显示的创建的关键点

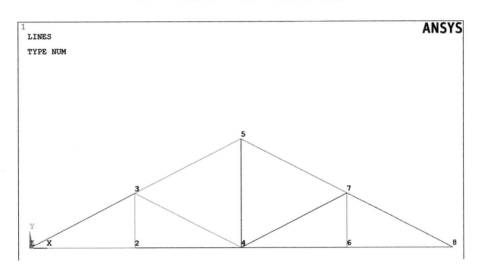

图 2.4　图形窗口中显示的由各关键点连成的线

在 ANSYS 中关键点及线均有编号，可在 ANSYS 中，单击 PlotCtrls > Numbering > KP on，Line on > OK > Plot > lines 命令，来显示关键点号和线号。图 2.5 所示为显示关键点及线号的操作及对话框，图 2.6 所示为最终显示的关键点和线的编号。

（2）定义材料属性

对于各向同性材料（大部分金属），只需要定义材料的弹性模量及泊松比。在 ANSYS 中，单击 Main menu > Preprocessor > Material Props > Material Models 命令，来完成定义材料的弹性模量（EX）和泊松比（PRXY），如图 2.7 所示。

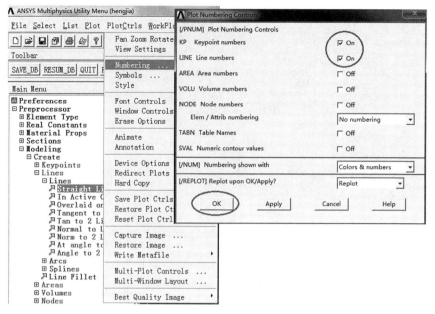

图 2.5　显示关键点及线号的操作对话框

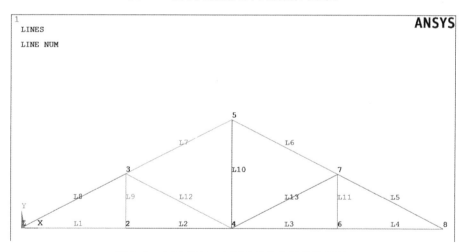

图 2.6　在图形窗口中显示关键点及线的编号

（3）定义单元类型

在 ANSYS 中，单击 Main menu > Preprocessor > Element Type > Add/Edit/Delete > Add…命令来选择单元。这里选择"Link 180"单元，单击 OK 按钮。

（4）定义单元实常数

在 ANSYS 中，单击 Main menu > Preprocessor > Real Constants > Add/Edit/Delete > Add…命令，单击 OK 按钮，进行实常数设置，弹出如图 2.8 所示对话框。这里是对 Link 180 单元进行实常数设置。

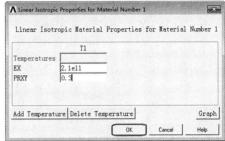

a)　　　　　　　　　　　　　　　　　　　　　　　　b)

图 2.7　定义材料属性对话框

a）定义材料属性　b）线弹性材料参数输入

图 2.8　单元实常数设置对话框

（5）划分网格

在选好单元及定义完实常数后，还需将单元类型及实常数与具体的几何结构关联，其含义就是用这种单元及实常数来进行结构划分。在 ANSYS 中，单击 Main menu > Preprocessor > Meshing > Mesh Attributes > All Lines 命令，赋予所有线单元类型及实常数，如图 2.9 所示。

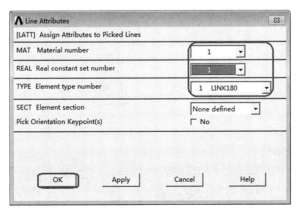

图 2.9　模型几何属性定义对话框

接下来在划分网格前需制订具体的划分方案。在 ANSYS 中，单击 Main Menu > Preprocessor > Meshing > Size Cntrls > Manual Size > Lines > All Lines 命令，对几何模型进行网格划分设定。这里将所有线划分成 1 段，即一条线一个单元。图 2.10 所示为划分单元尺寸设定对话框，图 2.11 显示了执行划分尺寸设定后几何模型的变化。

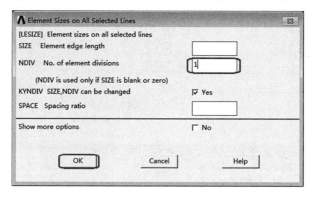

图 2.10　划分单元尺寸设定对话框

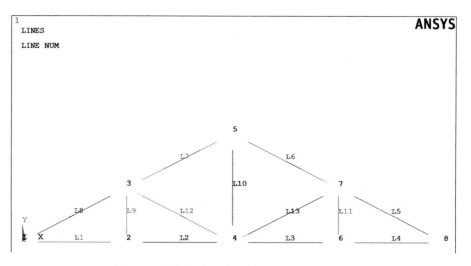

图 2.11　执行划分尺寸设定后图形窗口的显示

最后执行网格划分命令。在 ANSYS 中，单击 Main Menu > Preprocessor > Meshing > Mesh > Lines > Pick All 命令，单击 OK 按钮完成网格划分。图 2.12 所示为执行网格划分命令后图形窗口的显示。

（6）设置边界条件

设置边界条件可以在前处理 PREP7 中执行，也可以在求解模块中设定，这里在求解模块中进行边界条件的设定。在 ANSYS 中，单击 Main Menu > Solution > Define Loads > Apply > Structural > Displacement > On Keypoints 命令，来完成本实例位移边界条件的设定, 具体为选择 "K1", 施加全约束 "All DOF"; 选择 "K8", 施加 Y 向约束 "UY"。图 2. 13 所示为位移约束设定对话框, 图 2. 14 所示为执行位移约束设定后图形窗口的显示。

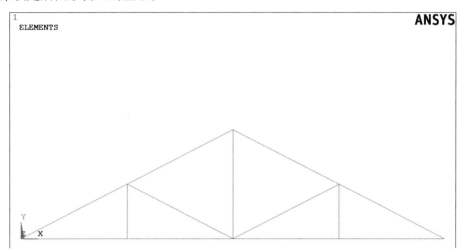

图 2. 12　执行网格划分命令后图形窗口的显示

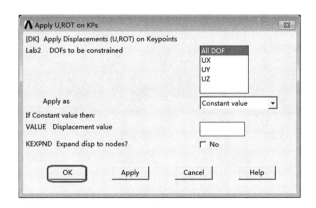

图 2. 13　位移约束设定对话框

(7) 加载与求解

在进行具体求解之前, 需要对求解类型以及施加的载荷进行设定。图 2. 15 所示为求解类型选择对话框, 在 ANSYS 中, 单击 Main Menu > Solution > Analysis Type > New Analysis 命令进行启动, 本实例选择 "Static"。

接着, 施加载荷, 在 ANSYS 中针对本实例可单击 Main Menu > Solution > Define Loads > Apply > Structural > Force/Moment > On Keypoints 命令, 选择 "K5" 并施加 Y 向 " - 10kN (- 10000)" 的力, 来完成作用力的施加。图 2. 16 所示为执行施加载荷命令后图形窗口的显示。

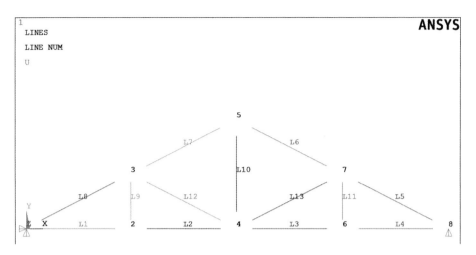

图 2.14 执行位移约束设定后图形窗口的显示

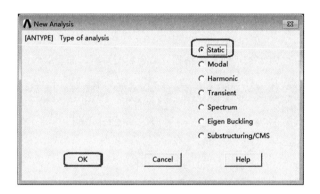

图 2.15 求解类型设置对话框

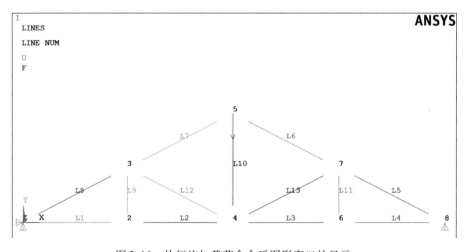

图 2.16 执行施加载荷命令后图形窗口的显示

完成边界条件、求解类型、载荷等的设置后就可进行求解，具体在 ANSYS 中的操作描述如下：单击 Main Menu > Solution > Solve > Current LS > Close 命令。

（8）后处理及结果分析

ANSYS 具有强大的后处理能力，可图形化显示变形及应力分布。这里仅显示框架结构在外载荷作用下的变形。在 ANSYS 中，单击 Main Menu > General Postproc > Plot Results > Deformed Shape 命令，启动设置输出变形对话框，如图 2.17 所示，这里在对话框中选择"Def shape only"，单击 OK 按钮。图 2.18 所示为执行显示变形命令后图形窗口中的显示。

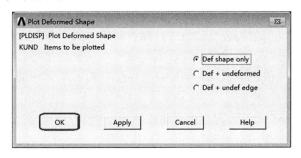

图 2.17　设置输出变形对话框

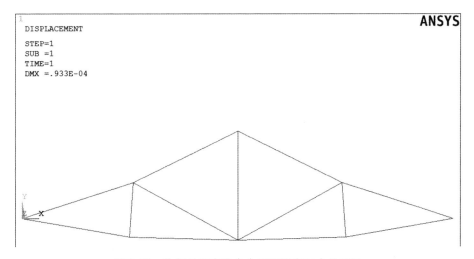

图 2.18　执行显示变形命令后图形窗口中的显示

2.5　ANSYS 单元类型及参数设置

ANSYS 提供了大约 200 多种单元供用户在结构分析中使用，因而针对一个实际的结构选用什么单元是进行有限元分析时必须首先考虑的问题。单元类型决定了单元的自由度数、节点个数、空间维数（一维、二维或三维）、实常数和材料属性等内容。同时，多数单元有一些附加选项（KEYOPTs），用于控制单元刚度矩阵生成方式、单元坐标系、结果输出内容、打印输出控制、问题类型控制（平面应力或应变）和单元积分方式等。

ANSYS 中的单元按照其应用的场合可分为结构单元、热单元、电磁单元、耦合场单元、流体单元等。对于机械工程领域，主要使用结构单元。对于结构单元，按照其模拟的真实对象的几何结构，又可分为：质点结构单元（例如 MASS21）、梁结构单元（BEAM3、BEAM188 等）、桁架结构单元（LINK8、LINK180 等）、管结构（PIPE16、PIPE17 等）、板结构（PLANE42、PLANE82 等）、壳结构（SHELL41、SHELL181 等）和实体结构（SOLID45、SOLID92 等）。

在选用单元对机械结构进行分析时，需要对单元的参数进行有效的设置。设置的参数包括：材料参数、实常数、横截面类型和单元坐标系等。需要注意的是设置单元参数的个数完全依赖于单元的类型以及所要分析的实际问题，并非所有单元都需要设置上述参数。

以下以 BEAM188 梁单元为例描述在使用梁做力学分析时需设置的参数。

（1）定义单元类型 Beam188

在 ANSYS 中，单击 Main Menu ＞ Preprocessor ＞ Element Type ＞ Add/Edit/Delete ＞ Add…命令，弹出如图 2.19 所示对话框，选择"Beam 2 node 188"单元，单击OK 按钮。

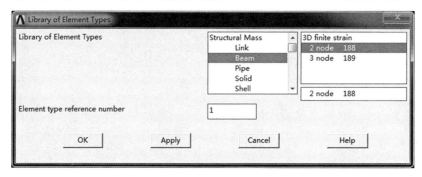

图 2.19　单元类型选择对话框

（2）定义材料属性（弹性模量、泊松比等）

在 ANSYS 中，单击 Main menu ＞ Preprocessor ＞ Material Props ＞ Material Models 命令，来完成定义材料的弹性模量（EX）和泊松比（PRXY），如图 2.20 所示。

（3）定义梁的截面参数（实常数定义）

梁的截面参数包括截面的形状及相关参数值。在 ANSYS 中，单击 Main menu ＞ Preprocessor ＞ Sections ＞ Beam ＞ Common Sections 命令，弹出如图 2.21 所示对话框，在图 2.21 所示对话框中选择梁截面形状（Sub-Type）为矩形，输入 B（宽度），H（高度），Nb（宽度方向上的网格数），Nh（高度方向上的网格数）等参数。

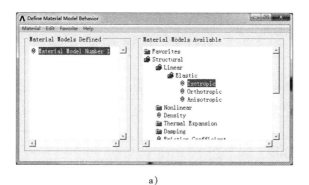

a)

b)

图 2.20　定义材料参数相关对话框

a）选择材料类型　b）输入材料参数对话框

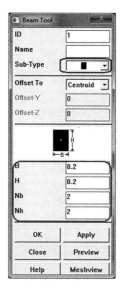

图 2.21　定义梁截面参数

2.6　ANSYS 几何建模方法

在使用 ANSYS 对机械结构进行有限元分析时，首先就要创建结构的几何模型，尤其是对于具有复杂形状的零部件系统，创建几何模型更是其有限元分析流程中的一个非常关键步骤。ANSYS 的几何建模方法包括三类，分别是：①几何模型导入法；②自底向上的建模；③自顶向下的建模。

2.6.1　几何模型导入法

几何模型导入是指将在三维 CAD 软件中，诸如 Solidworks、Pro/E、Catia、UG 等，创建的几何模型直接导入到 ANSYS 分析环境供后续的有限元分析。几何模型导入通常适用于需要分析的结构外形比较复杂，ANSYS 自身的建模方法难以实施的情况。按导入文件的格式，又可分为标准格式数据模型文件导入法和 CAD 软件原始格式导入法。标准格式数据模型包含 SAT、IGES、Parasolid 等，可以理解为这是一种中间格式，通常可以被任何工程仿真软件所接受。CAD 软件原始格式导入是建立在 ANSYS 提供了与众多主流 CAD 软件的直接接口的基础上，使用户可以直接使用熟悉的 CAD 软件建模进而加快有限元分析的进程。

以下，以带轮模型（图 2.22）描述按标准格式导入到 ANSYS 中的过程。导入前，需将在 CAD 软件中的带轮模型另存为中间格式，这里另存为"∗.x_t"格式，即保存类型选择"Parasolid（∗.x_t）"。**注意：文件名必须是英文或数字。**

整个导入过程描述如下：①将具有中间格式的带轮文件"dailun.x_t"放入到工作目录；②运行 ANSYS，在实用菜单栏（Utility Menu）中，单击 File > Import > PARA…命令，在弹出的如图 2.23 所示的对话框的左侧 File Name 列表框中就会看到所要导入的带轮文件"dailun.x_t"文件，单击 OK 按钮，导入完成。

图 2.22　带轮模型

导入完成后在图形窗口显示的是线框模型（图 2.24）。为了得到实体模型可在实用菜单栏（Utility Menu）中，单击 PlotCtrls > Style > Solid Model Facetsm 命令，出现 Solid Model Facets 对话框（图 2.25），在下拉列表框中选择"Normal Faceting"，单击 OK 按钮，单击实用菜单栏中 Plot > Replot 命令，即可看到实体，如图 2.26 所示。

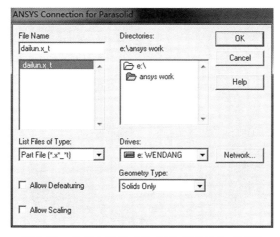

图 2.23　具有中间格式的 CAD 模型导入对话框

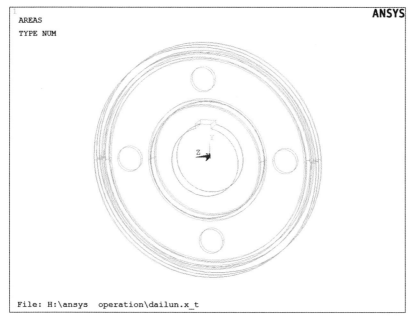

图 2.24　导入 ANSYS 后的带轮线框模型

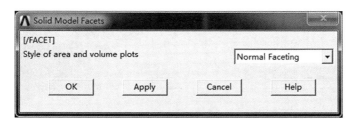

图 2.25　模型设置对话框

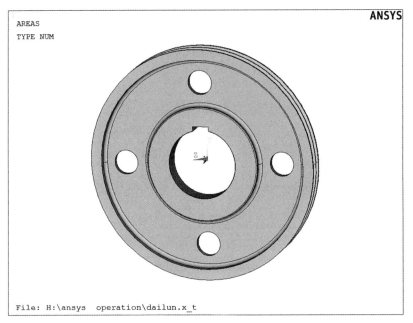

图 2.26　带轮实体模型

需要注意的是虽然直接导入几何模型给分析复杂机械结构带来了很大的方便，但是直接导入 CAD 模型也可能出现丢失线或面等特征，可能需要进行较多的模型修补工作。因而实际进行几何建模时，假如条件允许还应该优先选择 ANSYS 自身提供的几何建模方法，详见后续的 2.6.2 节和 2.6.3 节。

2.6.2　自底向上的建模

自底向上的建模方法是最基本的建模方法，也是最容易掌握的所谓"传统"的建模方法，它是指由最低级的图元（关键点）生成高级图元（线、面、体等），完成实体建模的过程。以下以轴承座为例简要描述其自底向上的建模过程，图 2.27 所示为该轴承座的相关尺寸。

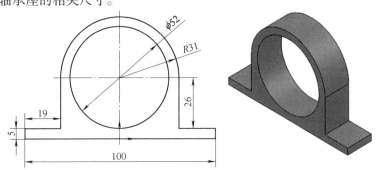

图 2.27　轴承座相关尺寸

（1）创建关键点

在 ANSYS 中，单击 Main menu > Preprocessor > Modeling > Create > Keypoints > In Active CS 命令，弹出 Create Keypoints Active Coordinate System 对话框（图 2.28），创建 10 个关键点，编号和坐标分别为：1（50，0，0）、2（50，5，0）、3（31，5，0）、4（31，31，0）、5（0，31，0）、6（0，62，0）、7（-31，31，0）、8（-31，5，0）、9（-50，5，0）、10（-50，0，0）。创建完成后，图形窗口显示出所创建的关键点，如图 2.29 所示。

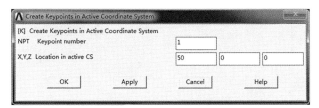

图 2.28　创建关键点对话框

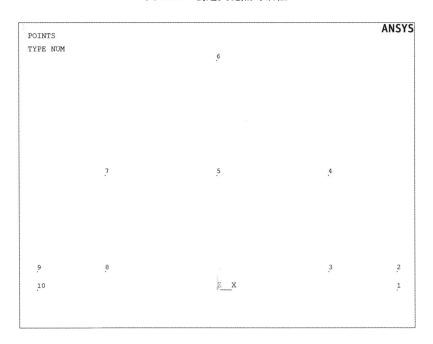

图 2.29　图形窗口中显示的生成的关键点

（2）由关键点生成直线

在 ANSYS 中，单击 Main Menu > Preprocessor > Modeling > Create > Lines > Lines > Straight Line 命令，依次连接关键点生成所需直线，再单击 OK 按钮。相关操作对话框及最终图形窗口中的显示如图 2.30 所示。

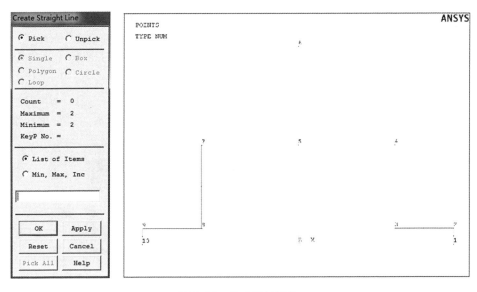

图 2.30　生成线的操作

（3）画圆弧

在 ANSYS 中，单击 Main Menu > Preprocessor > Modeling > Create > Lines > Arcs > By End KPs & Rad 命令，弹出 Arc by End KPs & Rad 对话框（图 2.31）。单击圆弧起点 K4 和终点 K6，单击 Apply 按钮，再单击圆心 K5，单击 OK 按钮，弹出如图 2.31 所示对话框之后在 Radius of the arc 文本框中输入半径，单击 OK 按钮，生成 1/4 圆弧（图 2.32a），执行同样的操作生成另一 1/4 圆弧，最终生成的圆弧如图 2.32b 所示。

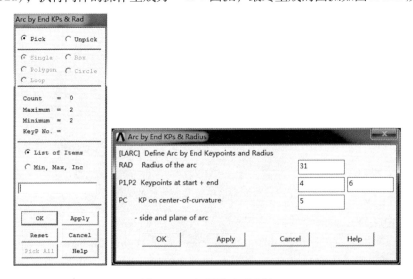

图 2.31　生成圆弧对话框

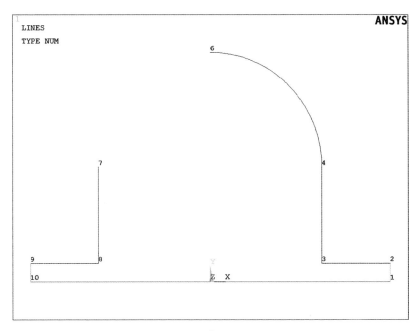

a)

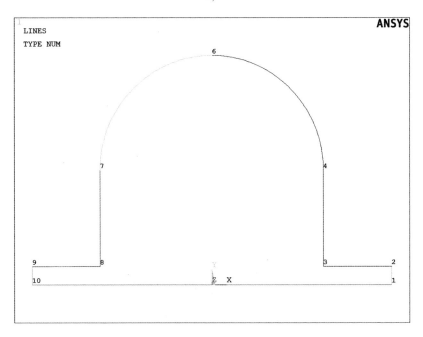

b)

图 2.32　图形窗口显示的生成的圆弧
a）生成 1/4 圆弧　b）生成整个圆弧

（4）创建面

在 ANSYS 中，单击 Main Menu > Preprocessor > Modeling > Create > Areas > Arbitrary > By Lines 命令，弹出如图 2.33 所示对话框，依次连接所有线，最终生成的面如图 2.33 右所示。

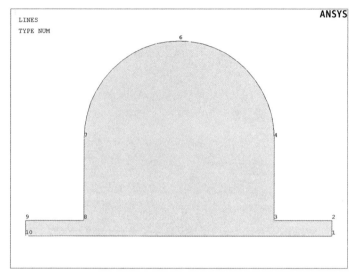

图 2.33　生成面的操作

（5）创建中心圆面

在 ANSYS 中，单击 Main Menu > Preprocessor > Modeling > Create > Areas > Circle > Solid Circle 命令，弹出如图 2.34 所示对话框，在对话框中输入圆心坐标和半径，最终生成的中心圆面如图 2.34 所示。

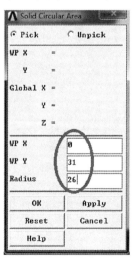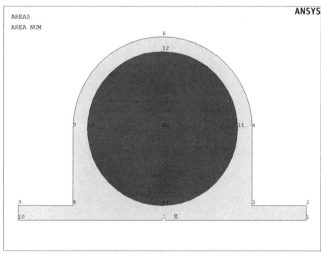

图 2.34　生成中心圆面的操作

（6）布尔减操作

在 ANSYS 中，单击 Main Menu > Modeling > Operate > Booleans > Subtract > Areas 命令，弹出如图 2.35 所示对话框，拾取基面（原来的面），单击 Apply 按钮，再拾取圆面，单击 OK 按钮，最终形成减去圆面的结果（图 2.35）。

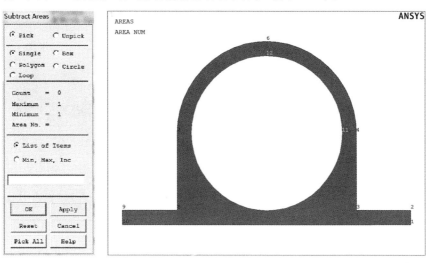

图 2.35　完成布尔减的操作

（7）由面生成体

在 ANSYS 中，单击 Main Menu > Preprocessor > Modeling > Operate > Extrude > Areas > Along Normal 命令，弹出如图 2.36 所示对话框，拾取带孔面，单击 OK 按钮，在 DIST Length of extrusion 文本框中输入"20"，单击 OK 按钮，最终生成轴承座实体模型，如图 2.36 所示。

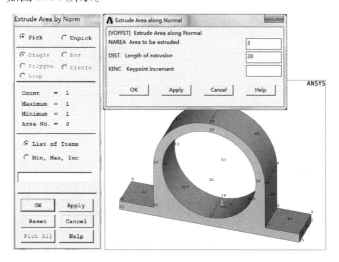

图 2.36　通过拉伸完成生成体的操作

（8）保存结果 SAVE_DB

2.6.3　自顶向下的建模

自顶向下建模是指由 ANSYS 提供常见的几何形状（如球体、圆柱体、长方体、四边形等），采用搭积木的方式，通过布尔运算完成模型的建模过程。建模过程中，ANSYS 会自动生成必要的低级图元。以下用端盖（图 2.37）为例，简要描述自顶向下的建模过程。

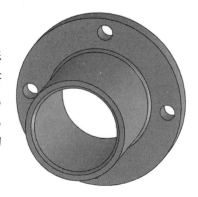

图 2.37　端盖

（1）建立圆柱

在 ANSYS 中，单击 Main Menu > Preprocessor > Modeling > Create > Volumes > Cylinder > Solid Cylinder 命令，弹出如图 2.38 所示对话框，分别输入圆心坐标 WP X 为 "0"、WP Y 为 "0"，半径（Radius）"30" 和深度（Depth）"6"，最终形成圆柱体（图 2.38）。

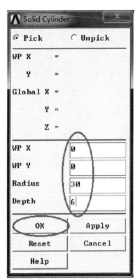
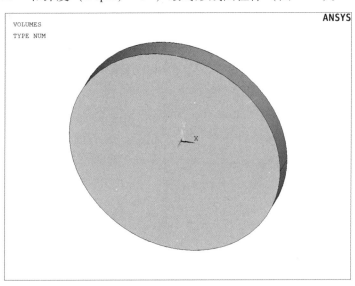

图 2.38　生成圆柱体的操作

（2）移动工作平面

为了便于操作需移动工作面，在 ANSYS 实用菜单栏（Utility Menu）中，单击 WorkPlane > Offset WP by Increments 命令，弹出如图 2.39 所示对话框，在对话框 X，Y，Z Offsets 文本框中输入 "0，0，6"，单击 OK 按钮，移动完工作面后，图形窗口中的显示如图 2.39 所示。

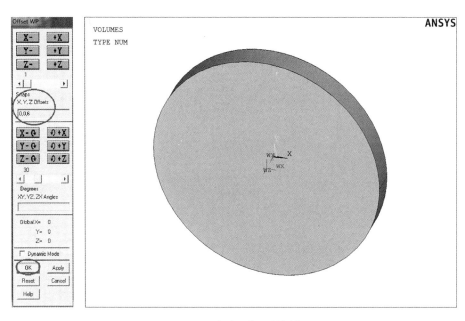

图 2.39   移动工作面的操作

（3）创建另一个圆柱体

在 ANSYS 中，单击 Main Menu > Preprocessor > Modeling > Create > Volumes > Cylinder > Solid Cylinder 命令，弹出如图 2.40 所示对话框，输入半径（Radius）及圆柱高度（Depth）等参数，单击 OK 按钮。生成的圆柱体如图 2.40 所示。

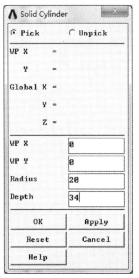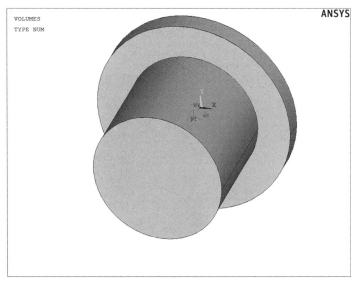

图 2.40   在新工作面上生成另一个圆柱体的操作

（4）合并

使用布尔运算将两个圆柱体合并。在 ANSYS 中，单击 Main Menu > Preprocessor > Modeling > Operate > Booleans > Add > Volumes 命令，弹出如图 2.41 所示对话框，单击 Pick all 按钮选择这两个圆柱体，再单击 OK 按钮，这样图 2.40 中的两个圆柱体就合成为一个。

（5）在合并的圆柱体中减去 5 个圆柱体

具体可按照以下步骤执行：

1）移动工作平面至原位置。在实用菜单栏（Utility Menu）中，单击 WorkPlane > Offset WP by Increments 命令，在弹出的对话框的 X，Y，Z Offsets 文本框中输入 "0，0，-6"，单击 OK 按钮，移动工作面到原位置。

2）建立 5 个圆柱体。在 ANSYS 中，单击 Main Menu > Preprocessor > Modeling > Create > Volumes > Cylinder > Solid Cylinder 命令，弹出对话框后，分别输入圆心坐标、半径和深度，具体数据见表 2.2。生成 5 个圆柱体后，图形窗口中的显示如图 2.42 所示。

图 2.41　两个圆柱体合并对话框

表 2.2　用于生成 5 个圆柱体的相关参数

参数	圆柱 1	圆柱 2	圆柱 3	圆柱 4	圆柱 5
圆心坐标 X（WP X）	0	25	0	-25	0
圆心坐标 Y（WP Y）	0	0	25	0	-25
半径（Radius）	15	3	3	3	3
深度（Depth）	40	6	6	6	6

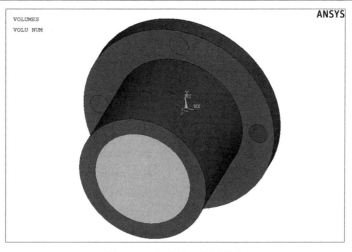

图 2.42　生成的 5 个圆柱体

3）用布尔运算将 5 个圆柱体从整体中减去。在 ANSYS 中，单击 Main Menu > Preprocessor > Modeling > Operate > Booleans > Substract > Volumes 命令，在弹出的对话框后先单击基体，单击 Apply 按钮，再单击 5 个要减去的圆柱，单击 OK 按钮，执行完布尔运算后则形成了端盖模型，如图 2.43 所示。

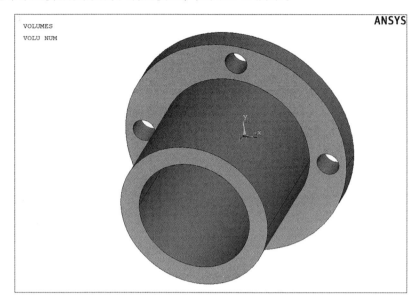

图 2.43　执行布尔运算后形成的最终的端盖模型

2.7　ANSYS 网格划分

ANSYS 主要包括四种分网方法：自由分网、映射分网、扫掠分网和自适应分网。其中自适应分网有很多限制，例如通常仅适用于只有一种材料的结构，因而这里仅介绍前 3 种分网方法的技巧。

（1）自由分网

自由分网法是由 ANSYS 自动生成网络，可通过单元数量、边长及曲率等来控制网格的质量，适用于任意曲线、曲面和实体结构的网格划分，不受单元形状的限制，因而可适用于所有模型。但是，自由分网法生成的单元形状不规则，内部节点位置由程序自动生成，用户无法控制，因而有些情况下自由分网的结果可能导致求解精度不高。以下以联接曲柄（图 2.44）为例，说明自由分网的过程。

1）定义单元类型。在 ANSYS 中，单击 Main Menu > Preprocessor > Element Type > Add/Edit/Delete 命令，弹出如图 2.45 所示对话框单击 Add… 按钮，选择 "Solid" 和 "Tet 10node 187"，然后单击 OK 按钮，单击 Close 按钮。

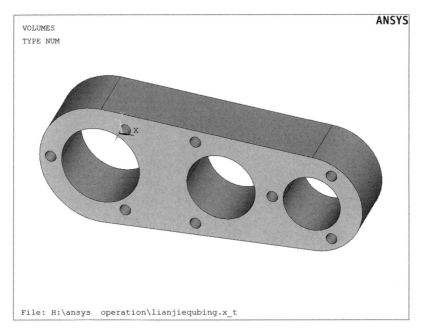

图 2.44   联接曲柄

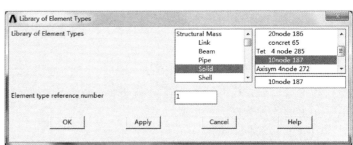

图 2.45   单元选取对话框

2）划分网格。在 ANSYS 中，单击 Main Menu > Preprocessor > Meshing > MeshTool 命令，弹出如图 2.46 所示对话框，在对话框中勾选 "Smart Size"，尺寸级别默认为 "6"，选择自由网格划分 "Free"，单击 Mesh 按钮，并选择待分网的联接曲柄，构件分网后的图形如图 2.46 所示。

（2）映射分网

ANSYS 映射分网法仅适用于形状规则或者处理（如切割、连接等方法）后形状规则的体或面，且映射面网格包含三角形或四边形单元，映射体网格只包含六面

体单元。映射分网法生成的单元形状比较规则，用户可控制内部节点的位置。映射
网格的基本应用条件如下：面有 3 条或 4 条边，体有 4 ~ 6 个面时可以应用；面是
奇数条边，每边上分割成偶数，体为 4 面时，三角形面上单元数必须为偶数；面和
体对边上必须划分相同的单元数；面多于 4 条边，体多于 6 个面需要连接、合并、
分割。以下以空心圆柱为例说明映射分网的过程。

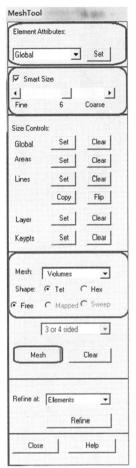

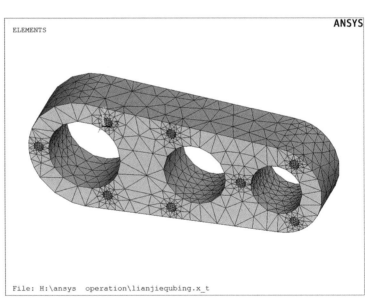

图 2.46   自由分网的操作及分网后的结果

1）创建空心圆柱模型。在 ANSYS 中，单击 Main Menu > Preprocessor >
Modeling > Create > Volumes > Cylinder > Hollow Cylinder 命令，弹出如图 2.47 所示
对话时框，创建以坐标系原点为圆心，内径 12.5，外径 18，深 10 的空心圆柱，
创建的模型如图 2.47 右所示。

2）定义单元类型。在 ANSYS 中，单击 Main Menu > Preprocessor > Element Type >
Add/Edit/Delete > Add···命令，选择"Solid185"单元，然后单击 OK 按钮，单击
Close 按钮。

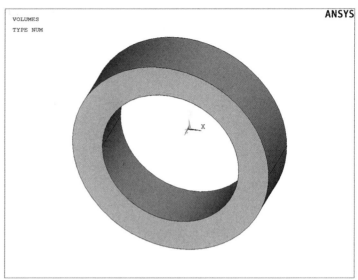

图 2.47　空心圆柱模型

3）旋转工作平面。将圆柱体切分成 4 个 1/4 圆柱体，以满足映射网格划分条件。具体操作如下：

①在实用菜单栏（Utility Menu）中，单击 WorkPlane > Offset WP by Increments 命令，在弹出的如图 2.48 所示对话框中 XY，YZ，ZX Angles 文本框中输入"0，90，0"，单击 OK 按钮，完成工作平面第 1 次旋转。

②在 ANSYS 中，单击 Main Menu > Preprocessor > Modeling > Operate > Booleans > Divide > Volu by WrkPlane 命令，弹出如图 2.49所示对话框，选择圆柱体，在对话框中单击 OK 按钮完成水平切分，切分后的图形如图 2.49 右所示。

③在实用菜单栏（Utility Menu）中，单击 WorkPlane > Offset WP by Increments 命令，在弹出的如图 2.50 所示对话框中 XY，YZ，ZX Angles 文本框中，输入"0，0，90"，单击 OK 按钮，实现再次旋转工作平面。

④在 ANSYS 中，单击 Main Menu > Preprocessor > Modeling > Operate > Booleans > Divide > Volu by WrkPlane 命令，弹出如图 2.51所示对话框，选择所有实体，在对话框中单击 OK 按钮完成竖直切分，圆柱体划分为 4 个 1/4 圆柱体后如图 2.51 右所示。

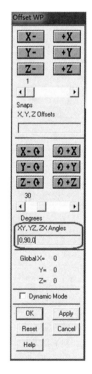

图 2.48　旋转工作面对话框

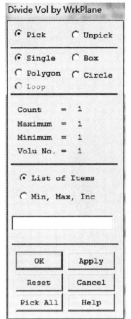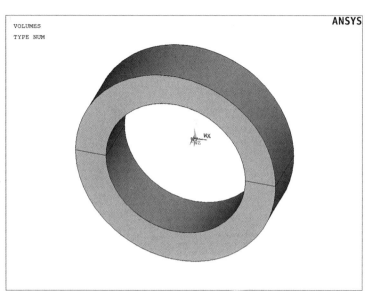

图 2.49　水平切分操作

图 2.50　旋转工作面对话框

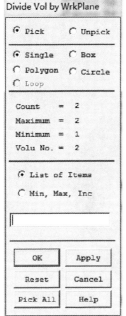

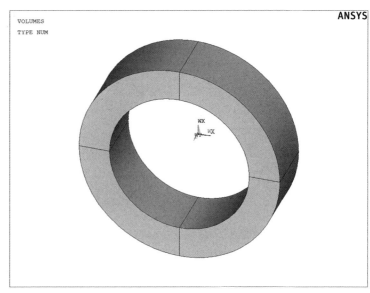

图 2.51　竖直切分操作（圆柱体划分为 4 个 1/4 圆柱体）

　　4）设置线的划分。在 ANSYS 中，单击 Main Menu > Preprocessor > Meshing > Size Cntrls > Manual Size > Lines > Picked Lines 命令，弹出如图 2.52 所示对话框，将圆所有弧线划分 10 个分段（共 16 条弧线），所有直线划分 5 个分段（共 16 条直线），划分后的结果如图 2.53 所示。

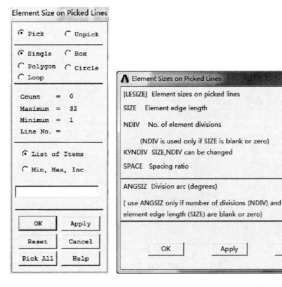

图 2.52　设置线的划分相关操作

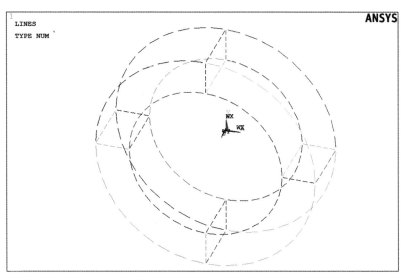

图 2.53　划分结果

5）进行映射网格划分。在 ANSYS 中，单击 Main Menu > Preprocessor > Meshing > MeshTool 命令，在弹出的 Meshtool 对话框中，选择六面体映射网格划分，单击 Mesh 按钮，在 Mesh Volumes 对话框中单击 Pick All 按钮，完成网格划分，相关操作对话框如图 2.54 所示，分网后的结果如图 2.55 所示。

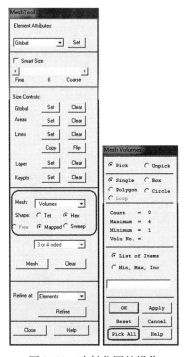

图 2.54　映射分网的操作

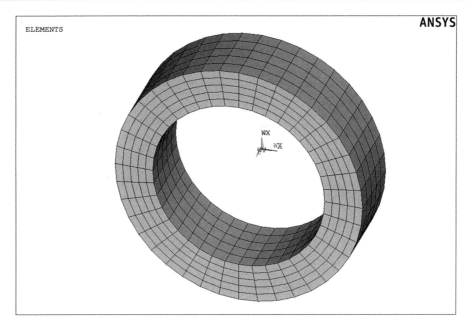

图 2.55　映射分网后的结果

（3）扫掠分网

ANSYS 扫掠分网法是指从一个面（源面）将网格扫掠贯穿整个体形成体单元。如果源面网格为四边形网格，体将生成六面体网格；如果源面为三角形网格，体将生成五面体单元；如果源面由三角形和四边形单元共同组成，则体将由五面体或六面体网格组成。源面和目标面不必是平面或平行面，只要保证源面和目标面的拓扑结构相同即可。

扫掠分网的操作条件和使用条件可描述为：模型满足扫掠网格划分条件；定义合适的 2D 和 3D 单元类型；设置扫掠方向的单元数目或单元尺寸；定义源面和目标面；对源面、目标面或侧面进行网格划分；执行扫掠分网。

以下以轴套（图 2.56）为例说明扫掠分网的过程。

1）定义单元类型。在 ANSYS 中，单击 Main Menu > Preprocessor > Element Type > Add/Edit/Delete > Add… 命令，在弹出的对话框中选择 Solid185 单元，然后单击 OK 按钮，单击 Close 按钮。

2）移动并旋转工作平面，切分体以扫掠网格

①在实用菜单栏（Utility Menu）中，单击 WorkPlane > Offset WP to > Keypoints 命令，在弹出的对话框中选择图 2.57 所示箭头所指的关键点，在对话框中单击 OK 按钮，完成移动工作平面。

图 2.56　轴套

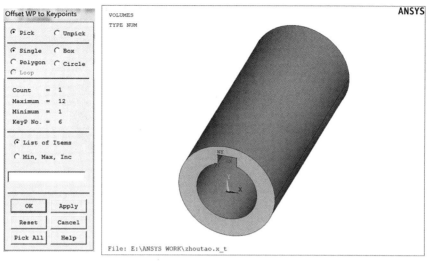

图 2.57　移动工作面操作

②在实用菜单栏（Utility Menu）中，单击 WorkPlane > Offset WP by Increments 命令，在弹出的如图 2.58 所示对话框中的 XY，YZ，ZX Angles 文本框中输入 "0，0，90"，单击 OK 按钮，完成工作平面旋转。

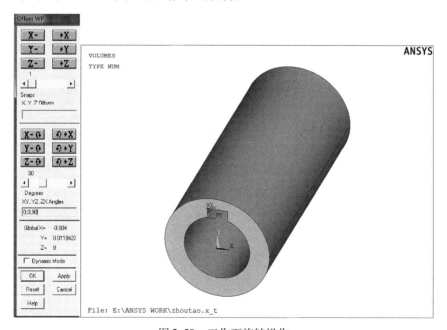

图 2.58　工作面旋转操作

③在 ANSYS 中，单击 Main Menu > Preprocessor > Modeling > Operate > Booleans > Divide > Volu by WrkPlane 命令，选择轴套，在弹出对话框中单击 OK 按钮完成切分，操作对话框及划分后的结果如图 2.59 所示。

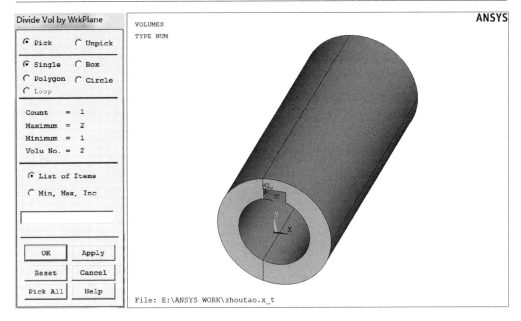

图 2.59　用工作面切分的操作

④进行类似操作，将工作平面移至图 2.60a 所示关键点，再一次进行实体切分，切分后的结果如图 2.60b 所示。

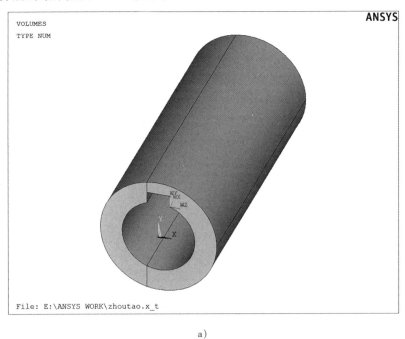

a）

图 2.60　再一次切分
a）移动工作面至另一个关键点

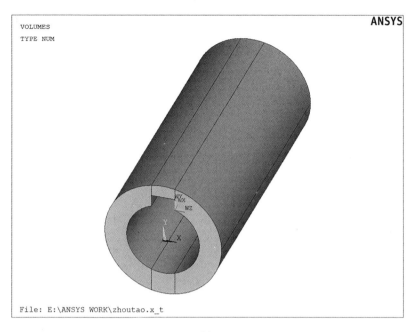

b)

图 2.60　再一次切分（续）
b）切分后的结果

3）扫掠分网设置。在 ANSYS 中，单击 Main Menu > Preprocessor > Meshing > Mesh > Volumes Sweep > Sweep Opts 命令，弹出 Sweep Options 对话框（图2.61），设置扫掠方向上划分数（Number of divisions in sweep direction）为"20"，单击 OK 按钮。

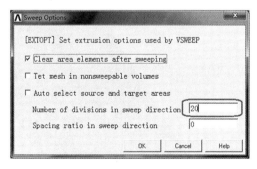

图 2.61　扫掠设置对话框

4）对源面进行预网格划分设置。在主菜单中，单击 Main Menu > Preprocessor > Meshing > Size Ctrls > ManualSize > Lines > Picked Lines 命令，弹出如图 2.62 左所示对话框，在图形视窗中选择源面上的各条线，单击 OK 按钮后设置其单元划分数目，经历上述操作后的模型如图 2.62 右所示。

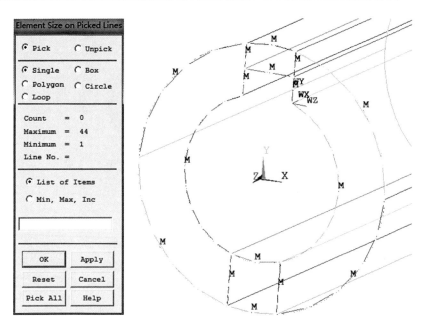

图 2.62　预网格划分设置及设置后图形窗口中的显示

5) 扫掠分网。在 ANSYS 中，单击 Main Menu > Preprocessor > Meshing > Mesh > Volume Sweep > Sweep 命令，弹出如图 2.63 所示对话框，先选取图形视窗中的实体（共有 4 个体，需依次选择），单击 OK 按钮，再选中源面并单击 OK 按钮，接着选中目标面并单击 OK 按钮，最终得到的扫掠分网后的结果如图 2.63 右所示。

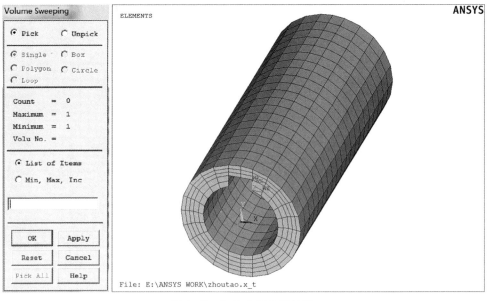

图 2.63　扫掠分网后的结果

2.8　ANSYS 加载设置和求解技术

在创建完结构的有限元模型后，接下来就可以开始对模型施加相应的载荷与约束，进而求解。本节将简要介绍在 ANSYS 软件中施加载荷、约束以及求解设置的基本方法。

2.8.1　约束及载荷的加载

合适的约束及加载才能更好地模拟实际结构所处的情况，正确反映实际结构的受力特征。

（1）约束加载

这里的约束（自由度约束）即有限元理论所述的位移边界条件，在 ANSYS 求解时会将所施加的边界条件引入到有限元方程进而消除刚体位移（消除矩阵的奇异性）。在 ANSYS 中，边界条件可以施加在实体模型（如关键点、线和面）或有限元模型（单元和节点）上。现用悬臂板结构（图 2.64）描述约束的施加方法。

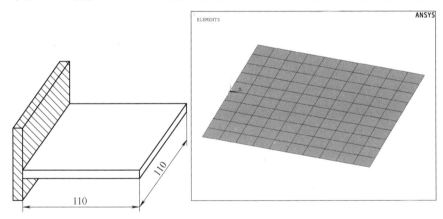

图 2.64　悬臂板结构及有限元模型

在实用菜单中，单击 Select > Entities，在弹出的如图 2.65 所示对话框的下拉列表中选择 "nodes" "By Location"，单击 "X coordinates" 单选按钮，在 Min Max 文本框中输入 "0, 0"，再单击 OK 按钮，以选择悬臂端全部节点。

继续在 ANSYS 中，单击 Main Menu > Preprocessor > Loads > Define Lodes > Apply > Structural > Displacement > On Nodes 命令，在弹出的如图 2.66a 所示对话框中单击 Pick All 按钮，在弹出的如图 2.66b 所示对话框中的列表框中选择 "All DOF"，单击 OK 按钮，完成对悬臂端所有节点的所有自由度的约束。添加完约束的后的模型如图 2.66 所示。

图 2.65　选择对话框

（2）载荷约束

在对机械结构的分析中，施加的载荷包括集中载荷（Force）、分布载荷（Pressure）、体载荷（Body load）、惯性载荷（Inertia loads）等。载荷约束的施加同样可使用实体模型加载和有限元模型加载两种方式。这里用一个简单结构为例，仅描述在有限元模型上施加集中载荷和分布载荷的方法。图 2.67 所示为受分布载荷及集中载荷作用的梁结构，左端受固定约束，其余几个位置受简支约束。

1）施加集中载荷。这里使用关键点施加集中载荷，在 ANSYS 中，单击 Main Menu > Solution > Define Loads > Apply > Structural > Force/Moment > On Keypoints 命令，弹出如图 2.68 所示对话框，在图 2.67 所描述的模型中选择 K5，施加 Y 向 –20kN 的力（在 If constant value then：VALUE Force/moment value 后面的文本框中输入 " –20000"）。

2）施加分布载荷。在 ANSYS 中，单击 Main Menu > Solution > Define Loads > Apply > Structural > Pressure > On Beams 命令，弹出如图 2.69 所示对话框，在图 2.67所描述的模型中选择 K2 和 K3 之间的所有单元，在图 2.69 所示对话框中 Load key 文本框中输入 2（Y 向施加分布力），输入分布力值，单击 OK 按钮，形成的分析模型如图 2.70 所示。

2.8.2　求解方法的选择和参数设置

ANSYS 提供的结构分析类型包括静力分析、模态分析、谐响应分析、瞬态动力学分析、谱分析等。在用 ANSYS 对结构进行力学分析时，必须明确相应的分析类型，并设置相关参数。

图 2.71 所示为求解类型选择对话框，用户可基于此选择求解类型。

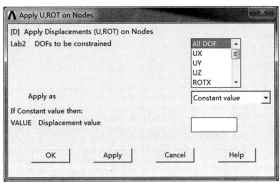

a)　　　　　　　　　　　　　　　　b)

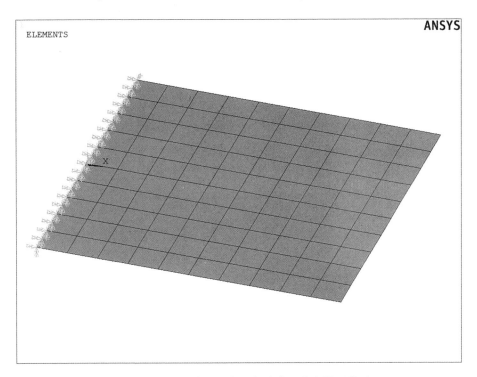

图 2.66　添加约束对话框及加约束后的有限元模型

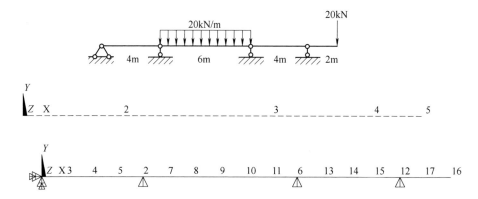

图 2.67　受分布载荷及集中载荷作用的梁结构

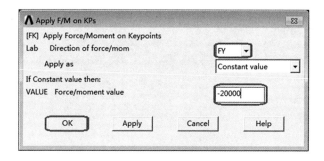

图 2.68　在关键点上施加作用力的对话框

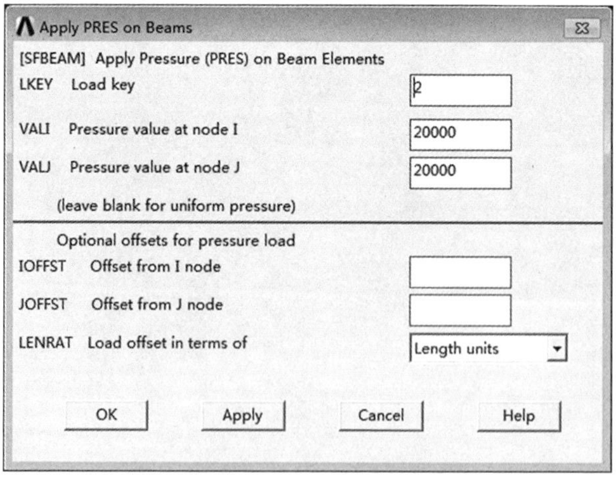

图 2.69　施加分布载荷对话框

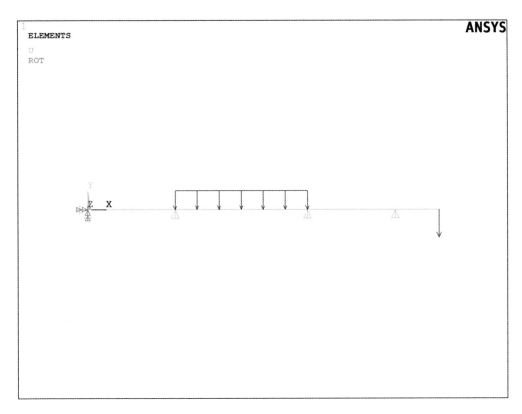

图 2.70　施加载荷后图形窗口中的显示

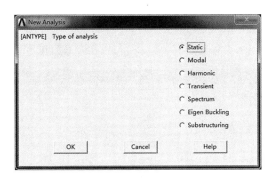

图 2.71　求解类型选择对话框

在明确求解类型后，后续可能按照需要还需要对选定的求解器进行必要的参数设置（主要使用 Analysis Options）。例如，针对静力学分析，可能需要设置分析类型（静态小变形、静态大变形等）、是否包含预应力、载荷步、结果输出方式等。在模态分析中，可能需要设置的参数包括模态计算方法（Block Lanczos、Subspace等）、提取模态阶数和扩展设置等。

选定求解类型并设置好相关参数后，可进行具体求解。ANSYS 的求解方式包括直接求解、多步求解和重启动分析等。

2.9　ANSYS 后处理及图形显示技术

ANSYS 计算的结果包括基本解和导出解。基本解为有限元分析的直接结果，由于有限元求解为位移法，因而基本解通常是每个节点的位移。导出解是由基本数据计算出来的结果，如结构的应力、应变、支反力等。ANSYS 提供两种后处理工具：通用后处理器（POST1）和时间 – 历程后处理器（POST26），其中通用后处理器（POST1）用于查看整个模型在各个时间点上的结果，而时间 – 历程后处理器（POST26）用于查看整个模型上的某一点结果随时间变化的曲线。这里仅介绍通用后处理器（POST1）。

ANSYS 求解完成后，在 ANSYS 中，单击 Main Menu > General Postproc 命令，进入 ANSYS 通用后处理器。结果查看和分析的一般步骤如下：①将数据结果读入数据库中；②定义载荷步、频率点、单元表数据等信息（可以选择）；③列表或图形显示计算结果；保存列表数据或图形。

2.9.1　将数据结果读入数据库中

通用后处理使用的模型数据（包括单元类型、节点、单元、材料特性和实常数等）应该与求解时使用的模型数据完全一致，否则会引起数据不匹配。

（1）读入结果文件

在 ANSYS 中，单击 Main Menu > General Postproc > Data&File Opts 命令，弹出如图 2.72 所示对话框，用户可根据需要选择读入的结果数据和结果文件。

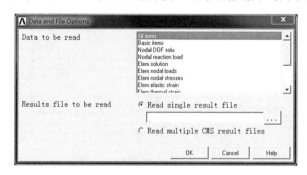

图 2.72　数据及文件选择对话框

注：如果做完求解后直接进入后处理，一般不用执行上述步骤。

（2）读取载荷步

对于随时间、频率或加载历程变化的分析结果需读取查看结果的标识（时间点、频率点或载荷步等)。ANSYS 提供了多种选择标识的方法, 在 ANSYS 中, 单击 Main Menu > General Postproc > Read Results > First Set (第一组结果)/Next Set (下一组结果)/Previous Set (前一组结果)/Last Set (最后一组结果)/By Pick (手动选择)/…等命令即可。

2.9.2　图形方式显示结果

图形方式能够直观而便捷地反映计算结果的效果, 使用户快速地了解整个模型的结果分布规律, 进而判断分析结果的正确性和有效性。在 ANSYS 通用后处理中, 图形方式显示包括云图、等值面图、等值线图、矢量图、切片图、剖视图等。

以下针对 2.4 节实例, 用云图显示计算结果。具体操作如下:

(1) 读入 2.4 节最终文件 pingmianhengjia. db。

(2) 节点云图显示。

在 ANSYS 中, 单击 Main Menu > General Postproc > Plot Results > contour Plot > Nodal Solu 命令, 在弹出的 Contour Nodal Solution Data 对话框中 (图 2.73), 选择节点云图显示的项目: 节点自由度解 (DOF Solution), 选择 Y 向 (Y-Component of displacement)。最终显示的云图解如图 2.74 所示。

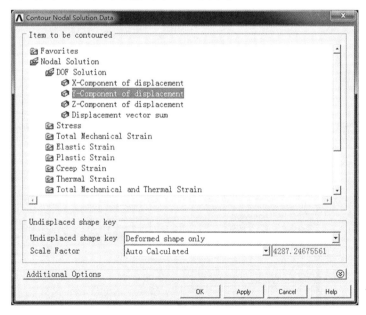

图 2.73　云图显示结果相关设置对话框

2.9.3　列表方式显示结果

列表方式显示结果是另一种常见的结果显示方法, 包括节点结果、单元结果、支座反力（反作用载荷结果）等。以下同样用2.4节的实例演示列表显示结果的操作，具体如下：

（1）读入2.4节最终文件 pingmianhengjia. db。

（2）以列表方式显示模型中约束节点处的反作用力。

在 ANSYS 中，单击 Main Menu > General Postproc > List Results > Reaction Solu 命令，在弹出的如图2.75所示对话框中的列表框中选择列表显示 Y 向反作用力。最终，列表显示的结果如图2.76所示。

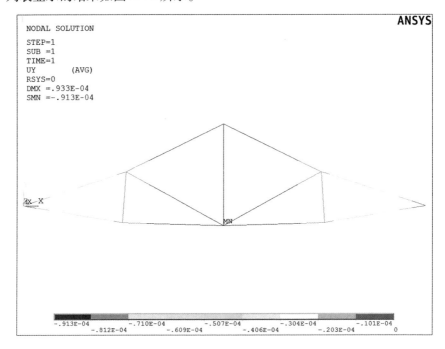

图2.74　云图解

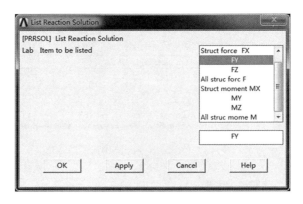

图2.75　列表显示结果基本设置对话框

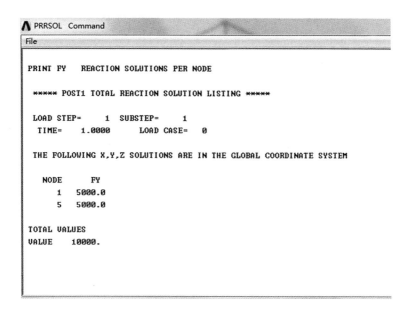

图 2.76   列表显示的结果

2.9.4   动画方式显示结果

动画方式可以直观地展示整个响应的变化过程，为建模过程的正确性判断和响应结果的有效性评估提供了有力的保障。ANSYS 中生成动画较为简单，在实用菜单栏（Utility Menu）中，单击 PlotCtrls > Animate 命令即可。在执行动画生成功能之前，需首先通过后处理器输出相应的结果云图（如位移、应力和应变等），调整模型大小和位置，以便获得较好的动画效果。

默认情况下，ANSYS 以自带的 ANIMATION 格式生成动画，存储信息量大，可以同时旋转、缩放、拖拉模型，按新的视角继续播放动画。但离开 ANSYS 播放器，则不能独立执行。除此之外，ANSYS 还提供了制作并保存 AVI 格式动画的功能：单击 Utility Menu > PlotCtrls > Device Options 命令，进行相应的存储设置。以下用 2.4 节的实例展示动画显示结果的操作，具体如下：

（1）读入 2.4 节最终文件 pingmianhengjia. db。

（2）以动画方式显示模型变形。

在实用菜单栏（Utility Menu）中，单击 PlotCtrls > Animate > Deformed Shape 命令，在弹出的如图 2.77 所示对话框中设置帧数（No. of frame to create）和延时［Time delay（seconds）］，单击 Def Shape only 单选按钮，单击 OK 按钮可生成变形动画（图 2.78）。

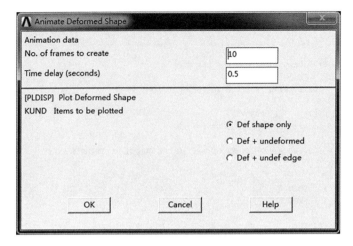

图 2.77 动画显示结果参数设置对话框

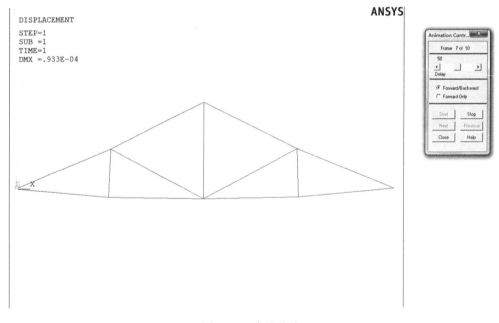

图 2.78 动画画面

2.10 ANSYS 参数化编程技术

ANSYS 参数化设计语言（ANSYS Parametric Design Language，APDL）是一种类似于 FORTRAN 的解释性语言，包括参数、函数、矢量和矩阵运算、循环、宏和用户程序等诸多特性，拓展了 ANSYS 有限元分析的能力。同时，还提供了简单的界面定制功能，实现参数的交互输入、消息提示和程序运行控制等功能。

　　ANSYS 参数化编程以 APDL 语言为基础，通过定义参数化变量建立分析模型和控制整个分析流程，能够自动地完成灵敏度分析、优化设计、可靠性设计和自适应网格划分等功能。基于 APDL 语言完成的程序也称之为命令流。在参数化分析过程中，可以方便地修改部分或全部参数进行各种尺寸模型、加载方式和材料特性的设计方案或系列产品的反复分析，极大地提高了分析效率。

　　总之，参数化编程拓展了 ANSYS 有限元分析范围之外的能力，提供了建立标准零件库、序列化分析方法、大型复杂模型设计和优化、灵敏度分析和高级设计处理技术等良好的基础。以下简要介绍 APDL 文件的生成和运行操作，如果想熟练操作 APDL 语言解决实际问题，还需进一步深入学习。

2.10.1　APDL 文件生成和运行

　　（1）APDL 文件的生成

　　生成 APDL 文件主要有两种方法，方法 1：借助 ANSYS 中的日志文件（jobname. log）完成 APDL 文件的编程；方法 2：用一个文本编辑器，例如记事本，直接按有限元的分析步骤完成 APDL 文件的编程。其中方法 1 适用于初学者，而方法 2 需要具有一定的 APDL 编程基础，方法 2 也是在已有程序基础上完成新的APDL 程序常用的方法。

　　1）借助 ANSYS 中的日志文件。在对话框操作（GUI）模式下，用户每执行一次操作，ANSYS 都会将对应于操作的命令写入到日志文件（jobname. log）中，因此，ANSYS 的日志文件中包括了操作过程中的所有指令，该文件是生成 APDL 文件的基础。

　　生成 APDL 文件时，为了提高建模和求解效率，可忽略某些不必要的操作，诸如改变视图、图形放缩、移动和旋转等操作。因此，完成 GUI 操作后，在实用菜单栏（Utility Menu）中，单击 File > Write DB log file 命令，弹出 Write Database Log 对话框（图 2.79），在指定完文件名后（该文件在工作目录中），选择仅输出重要命令（Write essential commands only）方式输出文件。

　　2）直接按有限元的分析步骤完成 APDL 文件的编程。有限元分析步骤包括前处理、求解和后处理，直接按照这个流程，从资料库（目前已有大量的指导书）中查找单元定义、建模、加约束条件、求解、后处理的相关命令，同时要注意每个命令涉及的相关参数，完成 APDL 的编程。

　　以下先给出一个对话框操作创建一

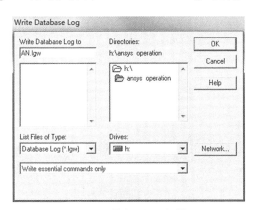

图 2.79　数据写入对话框

个正方体，并划分网格（实体单元）的过程，进一步描述用命令流实现上述操作，以加深读者对命令解决实际问题的理解。

对话框操作过程如下：

1）定义单元类型 solid185。在 ANSYS 中，单击 Main menu > Preprocessor > Element Type > Add/Edit/Delete > Add…命令，来选择单元。这里选择 solid185 单元，单击 OK 按钮。

2）定义材料属性。在 ANSYS 中，单击 Main menu > Preprocessor > Material Props > Material Models 命令，来完成定义材料的弹性模量（EX）和泊松比（PRXY），如图 2.80 所示。

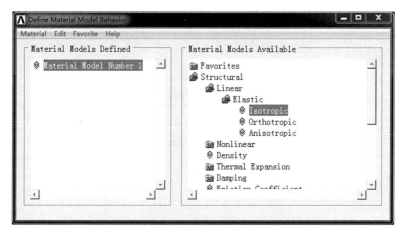

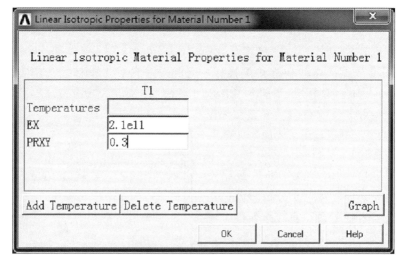

图 2.80　定义材料属性操作

3）建立几何模型。在 ANSYS 中，单击 Main menu > Preprocessor > Modeling >

Create > Volumes > Block > By Dimensions 命令，在弹出的对话框中输入正方体六个坐标值，建立正方体模型，相关操作及结果如图 2.81 所示。

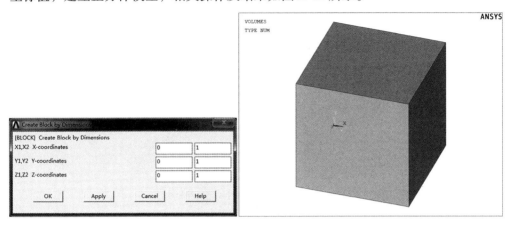

图 2.81　绘制正方体操作

4）单元属性设置。在 ANSYS 中，单击 Main Menu > Preprocessor > Meshing > Mesh Attributes > All Volumes 命令，在弹出的如图 2.82 所示对话框中选择材料 1（Material Number），SOLID185 单元（Element type number）（由于仅用一种单元，本步骤实际上可省略）。

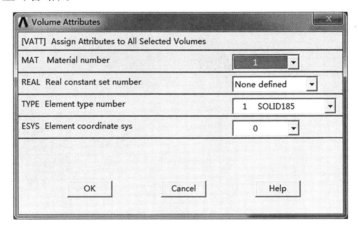

图 2.82　单元选择对话框

5）划分网格控制。在 ANSYS 中，单击 Main Menu > Preprocessor > Meshing > Size Cntrls > ManualSize > Lines > All Lines 命令，在如图 2.83 所示对话框中设置每条线单元划分数为 10（No. of element divisions）。

6）划分网格。在 ANSYS 中，单击 Main Menu > Preprocessor > Meshing > MeshTool 命令，进行映射网格划分，相关对话框及结果如图 2.84 所示。

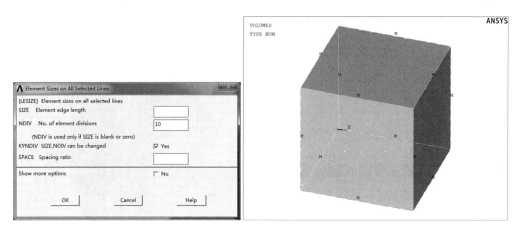

图 2.83　划分网格控制对话框及相应结果

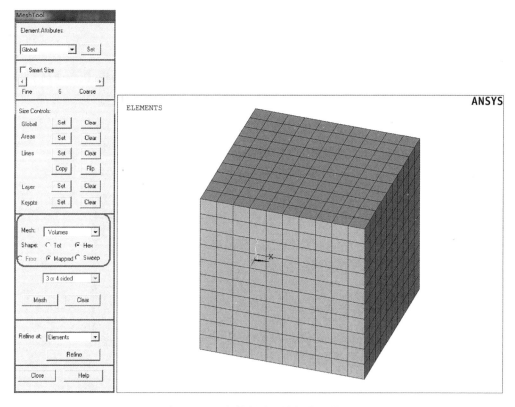

图 2.84　正方体划分网格操作及结果

对应上述操作相关命令流如下（注：以下命令为直接提取的命令，如自编还可进行精简）：

/PREP7

```
ET, 1, SOLID185                        ! 定义单元类型
MPDATA, EX, 1,, 2.1e11                  ! 定义材料属性
MPDATA, PRXY, 1,, 0.3
BLOCK, 0, 1, 0, 1, 0, 1,               ! 建立正方体模型
/VIEW, 1, 1, 2, 3
/ANG, 1
/REP, FAST
VATT, 1,, 1, 0                          ! 设置单元属性
LESIZE, ALL,,, 10,, 1,,, 1,            ! 网格划分设置
MSHAPE, 0, 3D
MSHKEY, 1
CM, _Y, VOLU
VSEL,,,,          1
CM, _Y1, VOLU
CHKMSH, 'VOLU'
CMSEL, S, _Y
VMESH, _Y1                              ! 划分网格
CMDELE, _Y
CMDELE, _Y1
CMDELE, _Y2
SAVE
```

（2）运行 APDL 文件

运行 APDL 文件也有两种方法，方法 1：使用实用菜单栏中的 Read Input from 命令完成 APDL 文件的运行；方法 2：将相关命令直接输入命令窗口（用复制和粘贴）。

对于方法 1，单击 Utility Menu > File > Read Input from 命令，弹出 Read File 对话框（图 2.85），选择需要读取的 APDL 文件即可运行 APDL 文件。

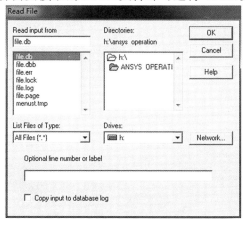

图 2.85　文件读取对话框

方法 2 非常简单，就是从文本文件中复制所有命令或者一段，粘贴到 ANSYS 界面的命令窗口（图 2.86）就可运行 APDL 语言。这种运行 APDL 语言的方式也是 APDL 编程过程中，程序调试常用的。

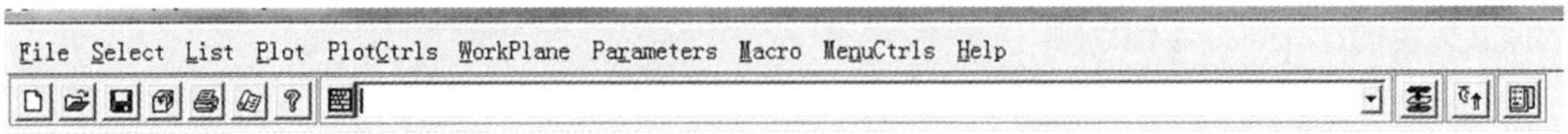

图 2.86　用于执行 APDL 语言的命令窗口

实践：读者可以将以上几节完成的 APDL 文件使用上述两种方法运行。

2.10.2　基于 APDL 语言的悬臂板静力学分析

以下描述一个用自编的命令流对悬臂板进行受力分析，具体操作包含：建模、约束、加载、求解和后处理等整个过程。具体命令流如下：

```
finish
/clear
/filname, xuanbibanmoxing
/prep7
! 定义单元类型和材料常数
et, 1, shell281                    ! 定义单元类型
mp, ex, 1, 2.1e11                  ! 材料弹性模量
mp, prxy, 1, 0.3                   ! 泊松比
! 定义几何参数
L = 110/1000                       ! 长
w = 110/1000                       ! 宽
h = 1.5/1000                       ! 厚度
! 创建几何模型
k, 1, 0, 0, 0.5 * w
k, 2, L, 0, 0.5 * w
k, 3, L, 0, -0.5 * w
k, 4, 0, 0, -0.5 * w
a, 1, 2, 3, 4
! 定义壳截面
sectype, 1, shell
secdata, h, 1,, 7
! 赋予面 1 单元属性
asel, s,,, 1
aatt,,, 1,, 1
! 设置划分单元数
```

```
lsel，s，，，1，4，1
lesize，all，，，10
! 分网
amesh，all
! 约束及载荷施加
nsel，s，loc，x
d，all，all                        ! 悬臂约束条件
alls
F，2，FY，100! 施加载荷
! 求解
/solu
antype，0                         ! 静力求解
Solve
/POST1                           ! 进入后处理
PLNSOL，U，Y，0，1.0              ! 节点云图显示
```

图 2.87 所示为最终在外载荷作用下悬臂板的应力云图。

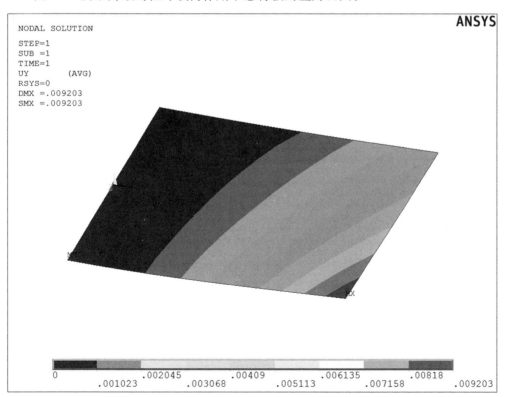

图 2.87   悬臂板的应力云图

2.11　ANSYS-WorkBench 简介

Workbench 全称为 ANSYS Workbench Enviroment（AWE），是 ANSYS 公司提出的协同仿真环境，解决企业产品研发过程中 CAE 软件的异构问题，主界面如图 2.88 所示。ANSYS 仿真协同环境的目标是：通过对产品研发流程中仿真环境的开发与实施，搭建一个具有自主知识产权的、集成多学科异构 CAE 技术的仿真系统，以产品数据管理 PDM 为核心，组建一个基于网络的产品研制虚拟仿真团队，基于产品数字虚拟样机，实现产品研制的并行仿真和异地仿真。

图 2.88　AWE 主界面

Workbench 主要包括三个主要模块，分别为几何建模模块（DesignModeler）、有限元分析模块（DesignSimulation）和优化设计模块（DesignXplorer）。使用这三个模块将设计、仿真、优化集成于一体，便于设计人员随时打开不同功能模块进行双向参数互动调用，使与仿真相关的人、部门、技术及数据在统一环境中协同工作。具体来讲 Workbench 主要具有以下特色。

（1）强大的装配体自动分析功能

针对航空、汽车、电子产品结构复杂、零部件众多的技术特点，Workbench 可以识别相邻的零件并自动设置接触关系，从而可节省模型建立时间。Workbench 还提供了许多工具，以方便手动编辑接触表面或为现有的接触指定接触类型。

Workbench 提供了与 CAD 软件及设计流程高度的整合性，从而最大限度地发挥 CAE 对设计流程的贡献。Workbench 使用接口，可与 CAD 系统中的实体及曲面模型双向连接，具有更高的 CAD 几何模型导入成功率，当 CAD 模型变化时，不需对所施加的负载和支撑重新定义；Workbench 与 CAD 系统的双向相关性还意味着，通过 Workbench 的参数管理可方便地控制 CAD 模型的参数，从而提高设计效率；Workbench 还可对多个设计方案进行分析，自动修改每一设计方案的几何模型。

（2）自动化网格划分功能

以往许多 CAE 用户都花大量的时间在建立网格上，Workbench 在大型复杂部件，如飞机组装配件的网格建立上独具特色，自动网格生成技术可使用户大大节省时间。根据分析类型不同，有很多因素影响分析的精度。传统的专业分析人员花大量的时间来掌握各种分析方法，手动处理模型以保证分析的精度；而对于设计人员来讲，其所关注的应该是自己的产品设计，而不是有限单元法，因此需要一个可靠的工具来替代传统的工具，尽可能实现自动化。Workbench 在分网上具有以下功能：①自适应网格划分，对于精度要求高的区域会自动调整网格密度；②自动化网格划分，生成形状、特性较好的元素，保证网格的高质量；自动收敛技术，是一个自动迭代过程，通过自适应网格划分以使指定的结果达到要求的精度。例如，如果对装配中某一个零件的最大应力感兴趣，可指定该零件的收敛精度。

（3）协同的多物理场分析环境及行业化定制功能

CAE 技术涵盖了计算结构力学、计算流体力学、计算电磁学等诸多学科专业，而航空产品的设计对这几个学科专业都有强烈的 CAE 需求。单个 CAE 软件通常只能解决某个学科专业的问题，导致使用者需要购买一系列由不同公司开发的、适应不同应用领域的软件，并将其组合起来解决实际工程问题，这不但增加了软件投资，而且很多问题会由于不同软件间无法有效而准确地传递数据而根本不能实现真正的耦合仿真计算。而 Workbench 涵盖了多学科专业，具有协同的多物理场分析环境及行业化定制功能。

（4）快捷的优化工具

Workbench 本身既是一个成熟的多物理场协同 CAE 仿真平台，又是一个基于最新软件技术的开放式开发平台，使用其开发包 Workbench SDK 可以非常便捷地实现诸如专用程序开发、流程自动化和简化、专家经验的保存和固化、分析规范的保存和固化、自有程序的包装、其他程序的集成等众多的用户化开发功能。

本课程重点介绍 ANSYS 经典界面下的操作，关于 ANSYS-Workbench 本书附有一个分析实例供读者参考。

第3章 整体叶盘模拟件静力学及模态分析

本章以整体叶盘模拟件为例,介绍使用 Solidworks 软件进行实体建模,以及使用 ANSYS 进行静力学及模态分析的方法,读者需通过实践掌握 CAD 模型导入、分网、加约束、求解及后处理相关技巧。

3.1 基于 Solidworks 软件的整体叶盘三维实体建模

本节介绍使用 Solidworks 软件建立整体叶盘模拟件三维模型的过程。所要建模及分析的整体叶盘具体的形状(含几何尺寸)如图 3.1 所示。

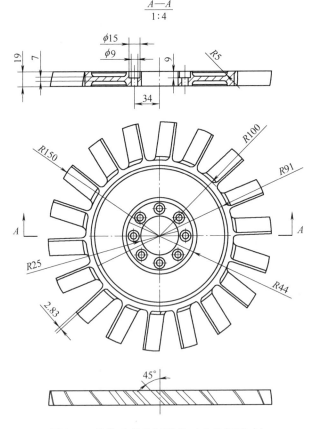

图 3.1 整体叶盘几何形状(含几何尺寸)

具体的三维实体模型建模过程如下：

（1）新建文件

在 Solidworks 中单击"文件"＞"新建"命令，在弹出的新建文件对话框中选择"零件"命令，单击"确定"按钮。

（2）绘制"草图 1"

在特征管理器中选择"前视基准面"，并进入草图绘制界面。用画图工具画出整体叶盘的轮盘截面轮廓，如图 3.2 所示。用"智能尺寸"工具修改并标注各个相关尺寸，单击"绘制草图"图标退出绘制草图。

（3）建立"旋转 1"

在特征管理器中选择"草图 1"，然后在特征工具栏中单击"旋转"命令，弹出属性管理器（图 3.3）后，选择旋转轴、旋转方向及角度，单击"确定"按钮完成旋转操作。

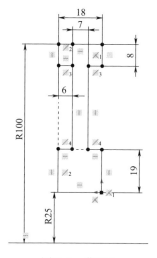

图 3.2　草图 1

图 3.3　旋转 1 属性管理器

（4）绘制"草图 2"

在特征管理器中选择"上视基准面"，并进入草图绘制界面。用"直线"工具画一条直线，直线与轮盘径向方向成 45°，如图 3.4 所示。单击"绘制草图"图标退出绘制草图。

图 3.4　草图 2

（5）建立"分割线 1"

在菜单栏中单击"插入"＞"曲线"＞"分割线"命令，系统弹出"分割线"

属性管理器，先单击"要投影的草图"，然后在特征树中选择"草图 2"，接着单击"要分割的面"，然后在已建立的模型中直接选择"面 1"，如图 3.5 所示，单击"确定"按钮完成分割线操作。

　　（6）绘制"草图 3"

　　选择图 3.6 所示的面为基准面，进入草图绘制界面。用画图工具画出叶片的截面轮廓，如图 3.7 所示。用"智能尺寸"工具修改并标注各个相关尺寸，单击"绘制草图"图标退出绘制草图。

  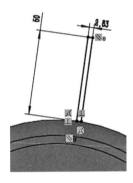

图 3.5　分割线 1 属性管理器　　　　图 3.6　草图 3 基准面　　　　图 3.7　草图 3

　　（7）建立"扫描 1"

　　在特征管理器中选择草图 3，然后在特征工具栏中单击"扫描"命令，弹出属性管理器（图 3.8）后，选择扫描的轮廓和路径。单击"确定"按钮完成操作。

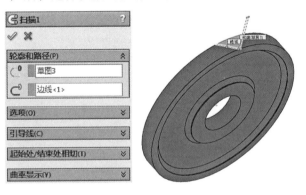

图 3.8　扫描 1 属性管理器

　　（8）建立"圆周阵列 1"

　　在特征工具栏中单击"圆周阵列"图标，系统弹出"圆周阵列"属性管理器，在相应的输入框中输入需要阵列的特征及个数等（图 3.9）。单击"确定"按钮完成圆周阵列操作。

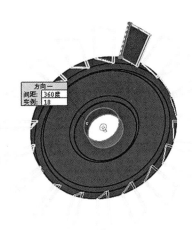

图 3.9 圆周阵列 6 属性管理器

（9）绘制"草图 4"

选择图 3.10 所示的面为基准面，进入草图绘制界面。用画图工具画出 8 个螺栓孔，如图 3.11 所示。用"智能尺寸"工具修改好螺栓孔的大小及位置后，单击"绘制草图"图标退出绘制草图。

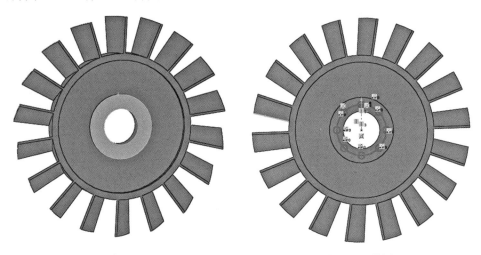

图 3.10 草图 4 基准面　　　　　　　图 3.11 草图 4

（10）建立"切除 - 拉伸 1"

在特征管理器中选择草图 4，然后在特征工具栏中单击"切除 - 拉伸"命令，弹出属性管理器（图 3.12）后，选择需要拉伸切除的轮廓，并选择切除方向为"完全贯穿"。单击"确定"按钮完成切除拉伸操作。

（11）保存所建零件

所建立的整体叶盘的三维模型如图 3.13 所示。

图 3.12 "切除－拉伸 1"属性管理器

这里所建立的三维模型是为了方便导入
ANSYS 软件中进行静力学分析,所以模型并
没有建立螺纹、尖角以及对模型结构影响不
大的倒圆角等特征,以便能在 ANSYS 软件中
得到更好的使用。对于在 SolidWorks 中建立
好的模型,为确保导入 ANSYS 后模型能正确
有效,在建模时需要注意以下几点:

(1) 在建模时,要保持实体特征的独立
性,在建立实体特征时不能合并实体。

(2) 在模型特征中,去掉螺纹、尖角以
及对模型结构影响不大的圆角等特征。

(3) 将装配体模型导入 ANSYS 之前,要
做好干涉检查,保证各零件模型之间不能有
干涉。

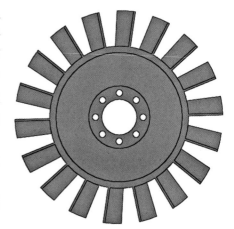

图 3.13 整体叶盘三维模型

另外,在 SolidWorks 中建立的三维实体模型不能直接导入 ANSYS 进行分析,
需要将模型文件保存为 Parasolid(＊.x_t)类型,才能被 ANSYS 识别。

3.2 整体叶盘静力学分析

以下使用 ANSYS 对整体叶盘模拟件结构进行静力学分析,求解在叶片上受一
集中力作用时,整体叶盘的变形及应力分布。

步骤 1:模型导入

首先,要将建立好的 solidworks 模型导入 ANSYS 软件里,具体步骤为:

（1）将当前模型，另存为 *.x_t 格式，即保存类型选择 "Parasolid（*.x_t）"，注意，文件名必须是英文或数字。

（2）把 ANSYS 工作目录设置成刚才保存的 *.x_t 文件的文件夹。同样，这个目录里的文件夹也不能出现任何中文。

（3）在 ANSYS 实用菜单栏（Utility Menu）中，单击 File > Import > PARA... 命令，左侧框中就会看到刚才生成的 *.x_t 文件，单击 OK 按钮，导入完成，如图 3.14 所示。

（4）现在看到的导入的模型是线框，在实用菜单栏（Utility Menu）中，单击 PlotCtrls > Style > Solid Model Facets 命令，在弹出的对话框中选择 "Normal Faceting"，单击 OK 按钮，单击鼠标右键，在弹出的菜单中单击 Replot 命令重生模型，即可看到实体了，如图 3.15 所示。

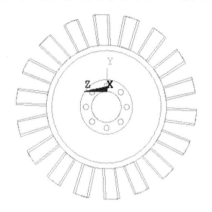 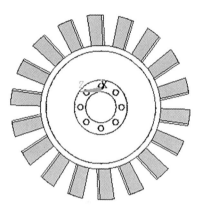

图 3.14　导入 ANSYS 生成的模型　　　　　图 3.15　实体模型

步骤 2：定义单元类型

在 ANSYS 中，单击 Main Menu > Preprocesso > Element Type > Add/Edit/Delete 命令，在弹出的如图 3.16 所示的对话框中，单击 Add… 按钮，弹出如图 3.17 所示的对话框，在左侧列表框中选择 "Structural Solid"，并在右侧下拉列表中选择 "Brick 8 node 185"，单击 OK 按钮，接着单击图 3.16 中的 Close 按钮。

命令流：

ET, 1, SOLID185

步骤 3：定义材料参数

在 ANSYS 中，单击 Main Menu > Preprocesso > Material Props > Material Models 命令，弹出如图 3.18 所示的对话框，在右侧列表框中依次选取 Structural > Linear > Elastic > Isotropic，弹出如图 3.19 所示的对话框，在 EX 文本框中输入 "21e10"（弹性模量），在 PRXY 文本框中输入 "0.3"（泊松比），单击 OK 按钮；再选取右侧列表框中 Structural 下 Density，弹出如图 3.20 所示的对话框，在 DENS 文本框中输入 "7900"（密度），单击 OK 按钮，关闭所有对话框。

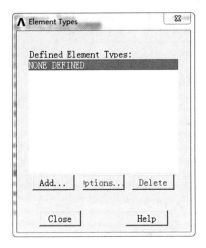

图 3.16　单元类型对话框

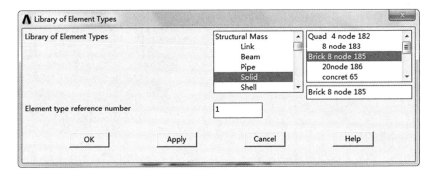

图 3.17　单元类型库对话框

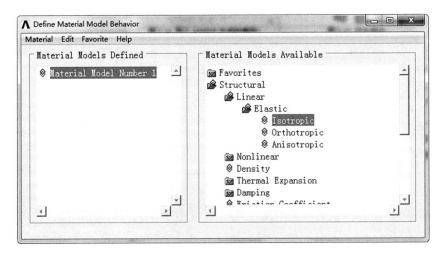

图 3.18　材料模型对话框

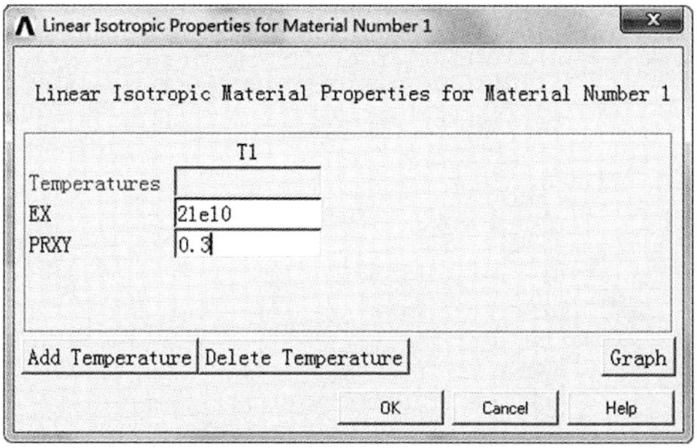

图 3.19　材料特性对话框

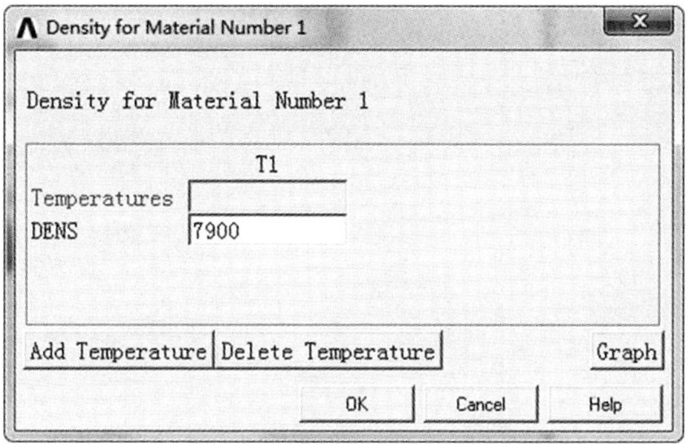

图 3.20　定义密度对话框

命令流：

MP, EX, 1, 21E10

MP, PRXY, 1, 0.3

MP, DENS, 1, 7900

步骤 4：划分网格

网格划分是进行有限元分析和计算的前提，网格划分的质量对有限元计算的精度和计算效率都有着最为直接的影响。网格划分的方法主要有自由网格划分、映射网格划分、扫掠网格划分等。这里为了方便，对整体叶盘网格的划分采用自由网格划分。

在 ANSYS 中，单击 Main Menu > Preprocessor > Meshing > MeshTool 命令，弹出如图 3.21 所示的对话框，划分网格的操作均在此对话框下进行。

选中 Smart Size（智能尺寸）单选按钮，选择其下方的滚动条的值为"6"（智能尺寸的级别，值越小划分的网格越密）；在 Size Control 中可以进行相关单元尺寸的控制，在 Mesh 区域，可以选择单元形状以及划分单元的方法，这里选择"Tet"（四面体单元），划分方法为 Free（自由）；单击 Mesh 按钮，弹出拾取窗口，如图 3.22 所示，单击 Pick All 按钮，最终完成网格划分。图 3.23 所示为网格划分结果。

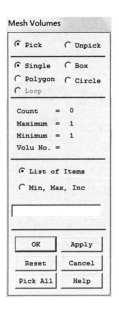

图 3.21　网格划分工具对话框　　　　图 3.22　网格划分拾取窗口

图 3.23　整体叶盘网格划分结果

命令流：

SMARTSIZE，6　　　　　　　　！智能尺寸级别
MSHAPE，1，3D　　　　　　　！指定单元形状
MSGKEY，0　　　　　　　　　！指定自由网格
VSEL,,,,　　　　　　　　　　　！划分网格

步骤5：加约束

（1）约束安装孔

在 ANSYS 中，单击 Main Menu > Solution > Define Loads > Apply > Structural > Displacement > Symmetry B. C > On Areas 命令，弹出如图 3.24 所示对话框。

1）显示各面的面号（在实用菜单栏（Utility Menu）中，单击 Plot > Areas 命令）。

2）拾取安装孔的柱面（在拾取时，按住鼠标的左键便有实体增量显示，拖动鼠标时显示的实体随之改变，此时松开左键即可选中此实体），如图 3.25 所示。

3）单击 OK 按钮，对安装孔的约束完成。

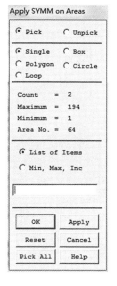
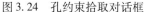

图 3.24　孔约束拾取对话框

图 3.25　拾取安装孔的柱面

（2）叶盘底面施加位移约束

在 ANSYS 中，单击 Main Menu > Solution > Define Loads > Apply > Structural > Displacement > On Areas 命令，弹出面约束拾取对话框后拾取叶盘底面（图 3.26），单击 OK 按钮，弹出如图 3.27 所示的对话框，在列表框中选取"All DOF"，单击 OK 按钮。

步骤6：加载荷

为了在整体叶盘叶片的节点上施加力载荷，在 ANSYS 中，单击 Main Menu > Solution > Define Loads > Apply > Structural > Force/Moment > On Nodes 命令，弹出拾

取对话框后拾取节点（图 3.28），单击 OK 按钮，弹出如图 3.29 所示的对话框，选择 Direction of force/mom 为 "Fx" 方向，在 Force/moment value 填入 "1"（施加载荷力 1 N），单击 OK 按钮。

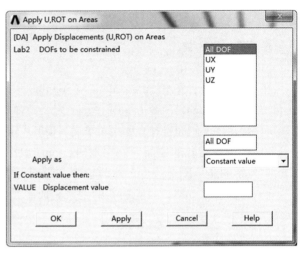

图 3.26　拾取整体叶盘安装底面　　　　图 3.27　在面上施加约束对话框

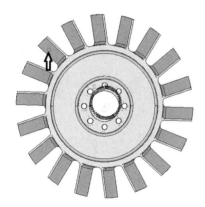

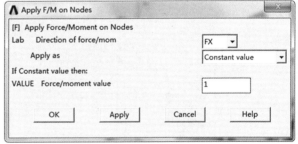

图 3.28　拾取节点施加载荷　　　　图 3.29　施加载荷对话框

步骤 7：求解

在 ANSYS 中，单击 Main Menu > Solution > Solve > Current LS 命令，在弹出的 Solve Current Load Step 对话框中单击 OK 按钮。出现 "Solution is done!" 提示时，求解结束。

步骤 8：结果处理

（1）查看变形

在 ANSYS 中，单击 Main Menu > General Postproc > Plot Results > Deformed Shape 命令，弹出如图 3.30 所示的对话框，单击 Def + undef edge（变形 + 未变形的模型

边界）单选按钮，单击 OK 按钮。结构变形结果如图 3.31 所示。

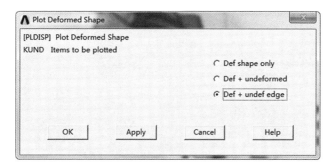

图 3.30　显示变形对话框

图 3.31　整体叶盘的变形

（2）查看应力

在 ANSYS 中，单击 Main Menu > General Postproc > Plot Results > Contour Plot > Nodal Solu 命令，弹出如图 3.32 所示的对话框，在列表框中依次选取 Nodal Solution > Stress > von Mises stress（von Mises stress 为第四强度理论的当量应力），单击 OK 按钮，结果如图 3.33 所示，可以看出，应力最大值在施加力载荷叶片的叶根位置，最大值为 724982Pa。

图 3.32　应力显示对话框

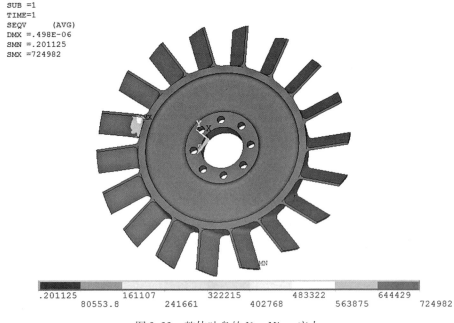

图 3.33　整体叶盘的 Von Mises 应力

3.3　整体叶盘模拟件模态分析

在完成整体叶盘的静力学分析基础上，对其进行模态分析，其具体步骤如下。

步骤 1：指定分析类型

在 ANSYS 中，单击 Main Menu > Solution > Analysis Type > New Analysis 命令，弹出如图 3.34 所示的对话框后，选择 Type of Analysis 为 Modal，单击 OK 按钮。

图 3.34　指定分析类型对话框

步骤 2：指定分析选项

在 ANSYS 中，单击 Main Menu > Solution > Analysis Type > Analysis Options 命令，弹出如图 3.35 所示的对话框后，在 No. of modes to extract 文本框中输入 "50"（表示分析前 50 阶固有频率）；随后弹出 Block Lanczos Method 对话框，单击 OK 按钮。

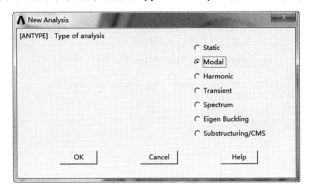

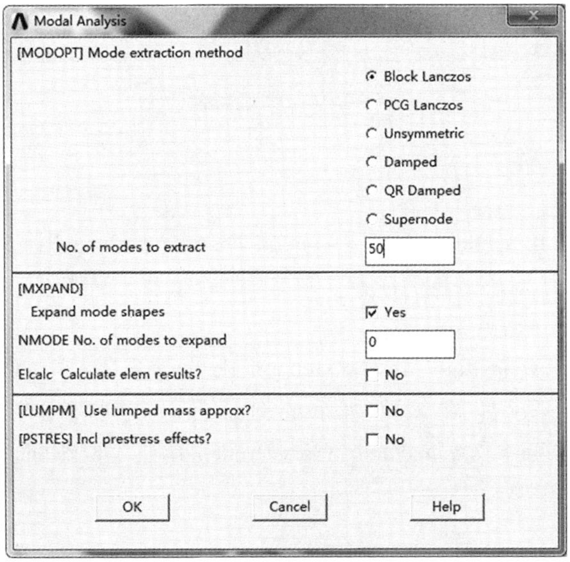

图 3.35　模态分析选项对话框

步骤 3：求解

在 ANSYS 中，单击 Main Menu > Solution > Solve > Current LS 命令，在弹出的 Solve Current Load Step 对话框中单击 "OK" 按钮。出现 "Solution is done!" 提示时，求解结束。

步骤 4：列表固有频率

在 ANSYS 中，单击 Main Menu > General Postproc > Results Summary 命令，弹出如图 3.36 所示的结果列表窗口，列表中显示了整体结构的各阶频率。

SET	TIME/FREQ	LOAD STEP	SUBSTEP	CUMULATIVE
1	1085.0	1	1	1
2	1094.7	1	2	2
3	1143.4	1	3	3
4	1224.2	1	4	4
5	1225.1	1	5	5
6	1444.4	1	6	6
7	1450.1	1	7	7
8	1492.0	1	8	8
9	1498.3	1	9	9
10	1507.7	1	10	10
11	1511.1	1	11	11
12	1514.4	1	12	12
13	1519.0	1	13	13
14	1520.2	1	14	14
15	1525.1	1	15	15
16	1527.0	1	16	16
17	1527.7	1	17	17
18	1532.3	1	18	18
19	1833.2	1	19	19
20	1839.1	1	20	20

图 3.36　结果列表

步骤 5：结果处理

（1）读取结果

在 ANSYS 中，单击 Main Menu > General Postproc > Read Results > By Pick 命令，在弹出对话框中，选取感兴趣的阶次，单击 Read 按钮，单击 Close 按钮。

（2）查看变形（振型）

在 ANSYS 中，单击 Main Menu > General Postproc > Plot Results > Contour Plot > Nodal Solu 命令，弹出如图 3.37 所示的对话框，在列表框中依次选取 Nodal Solution > DOF Solution > Displacement Vector sum，单击 OK 按钮。结构变形结果如图 3.38 所示。

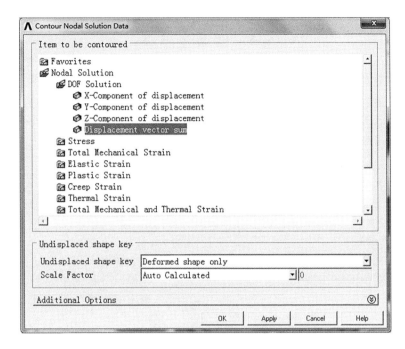

图 3.37　查看变形对话框

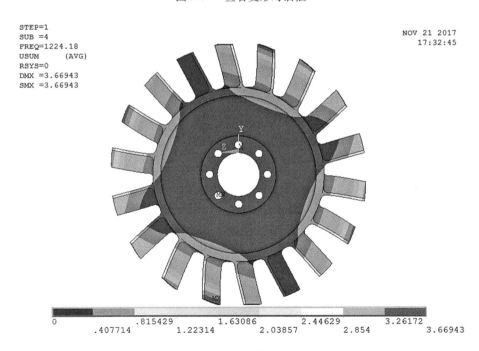

图 3.38　结构变形

3.4 六面体网格

在 3.2 节有限元建模中使用的是自由分网，自由分网效率高，是快速分析一个特定结构的最主要的方法。但是，自由分网结果产生的单元规则性较差，其中很多网格是四面体或者五面体，单元的精度也不高。为了与之相对应，这里也给出了将叶盘用六面体网格进行划分的方法。在建模与方法上，不用前述 GUI 的模式，而采用 APDL 语言编辑命令流的形式完成分析。相关的命令流如下：

```
LESIZE, 8,,, 1              ! 将线进行均分
MSHKEY, 1                   ! 映射网格划分
MSHAPE, 0                   ! 生成四边形单元
ESIZE, 0.003               ! 划分网格的单元最小边长为 0.003
VSWEEP, 1, 4, 6            ! 采用扫掠方式进行网格划分
```

使用六面体网格（划分结果如图 3.39 所示），建模及分析结果如下：

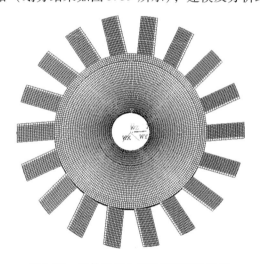

图 3.39　整体叶盘六面体网格划分结果

（1）静力学分析

1）加约束。整体叶盘的上下底面全约束，如图 3.40 所示，相关命令流为：

```
NSEL, S, LOC, Z, 0.0192        ! 选择 z = 0.019 的面
NSEL, R, LOC, X, 0.025         ! 再选择
D, ALL, ALL
ALLSEL, ALL
NSEL, S, LOC, Z, 0.0192        ! 选择 z = 0.019 的面
NSEL, R, LOC, X, 0.044         ! 再选择
D, ALL, ALL
```

```
ALLSEL, ALL
NSEL, S, LOC, Z, 0
NSEL, R, LOC, X, 0.025
D, ALL, ALL
ALLSEL, ALL
NSEL, S, LOC, Z, 0
NSEL, R, LOC, X, 0.044
D, ALL, ALL
ALLSEL, ALL
```

2）加载荷并求解。在整体叶盘叶片的节点上施加力载荷（图 3.41），载荷力大小为 1N，相关命令流如下：

```
F, 313, FX, 1
SOLVE
FINISH
```

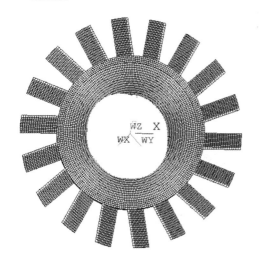

图 3.40　整体叶盘约束条件　　　　　　图 3.41　拾取节点施加载荷

3）结果处理。结构变形结果如图 3.42 所示，应力结果如图 3.43 所示，可以看出，应力最大值在施加力载荷叶片的叶根位置，最大值为 660358Pa。

（2）模态分析

在完成整体叶盘的静力学分析基础上，对其进行模态分析，相关命令流如下：

```
/SOLU                    ! 进入求解器求固有频率
ANTYPE, MODAL            ! 定义分析类型为模态分析
MODOPT, LANB, 30         ! 分析前 30 阶频率
MXPAND, 30,,, YES
SOLVE
/POST1                   ! 进入普通后处理器列表固有频率
```

SET，LIST

FINISH

SAVE

图 3.42　整体叶盘的变形

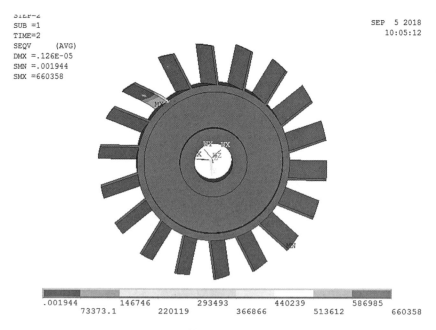

图 3.43　整体叶盘的 Von Mises 应力

所得到的固有频率列表如图 3.44 所示，选取固有频率为 697.53 Hz 时的整体叶盘的振型如图 3.45 所示。

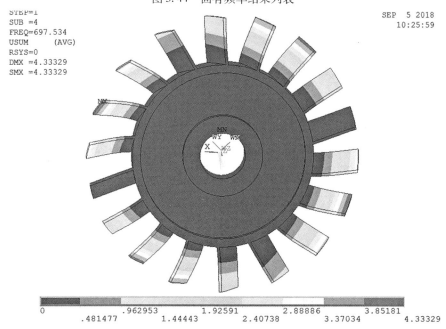

图 3.44　固有频率结果列表

图 3.45　整体叶盘振型

第4章 齿轮减速器箱体静力学及模态分析

本章以齿轮减速器箱体为例，介绍使用 Solidworks 软件进行实体建模，以及使用 ANSYS 进行静力学及模态分析的方法，读者应通过实践掌握 CAD 模型导入、分网、施加约束、求解及后处理等相关技巧。

4.1 齿轮减速器箱体三维实体建模

本节介绍使用 Solidworks 软件建立齿轮减速器箱体三维模型的过程。所要建模及分析的齿轮减速器箱体具体的形状（详细几何尺寸在建模过程中给出）如图 4.1所示。

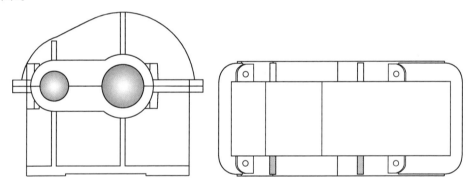

图 4.1 齿轮减速器箱体几何形状

齿轮减速器箱体是形状较为复杂的零部件结构，为了之后顺利使用 ANSYS 进行网格划分和快速求解，在建模过程中，去掉了一些影响有限元计算效率但是对计算结果影响小到可以忽略的模型特征。在进行齿轮减速器箱体三维实体建模时，将箱体分为箱体座和箱体盖两部分来进行建模。

4.1.1 箱体座建模

在进行箱体座的建模时，将它拆分为箱体底座、箱体凸缘、底板进行绘制。

箱体底座

绘制箱体底座的操作步骤如下：

（1）在 Solidworks 中，单击"文件" > "新建"命令，在弹出的"新建文件"对话框中，单击"零件" > "确定"按钮。

（2）在特征管理器中选择"前视基准面"，单击"草图绘制"命令，进入草图绘制界面。用"矩形"工具画出如图 4.2 所示的几何图形。单击"智能尺寸"命令，标注相关尺寸，单击"退出草图"命令，退出绘制草图。

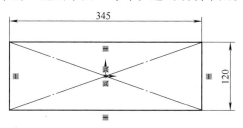

图 4.2　箱体底座草图

（3）在特征工具栏中，单击"拉伸凸台/基体"命令，在"终止条件"下拉列表框中选择"给定深度"，设置拉伸深度为"150.00 mm"，单击"确定"按钮，完成拉伸特征 1 的绘制，如图 4.3 所示。

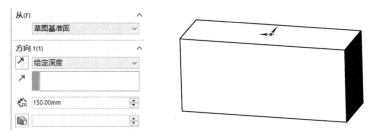

图 4.3　拉伸参数及结果

（4）单击"抽壳"命令，选择上下端面作为要移除的面，设置厚度为"10.00 mm"，单击"确定"按钮，完成特征实体的绘制，如图 4.4 所示。

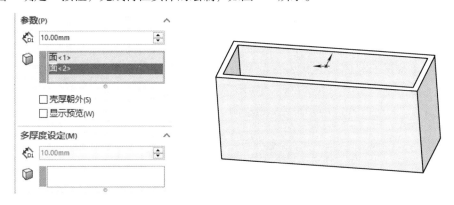

图 4.4　抽壳参数及结果

到此，箱体底座模型建立完成。

箱体凸缘

箱体凸缘建模的操作步骤如下：

（1）接着箱体底座的建模步骤继续操作，选择箱体底座的上端面，单击"草图绘制"命令，进行草图 2 的绘制。使用草图工具绘制出如图 4.5 所示的几何图形（几何尺寸图中已标出），然后单击"退出草图"命令，完成草图 2 的绘制。

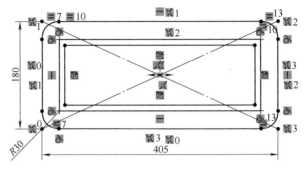

图 4.5　底座上端面草图

（2）在特征工具栏中，单击"拉伸凸台/基体"命令，在"终止条件"下拉列表框中选择"给定深度"，设置拉伸深度为"13.00 mm"，方向选择默认的向上拉伸单击"确定"按钮，完成拉伸特征 2 的绘制，结果如图 4.6 所示。

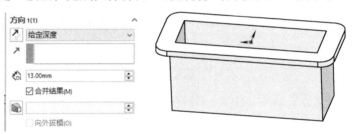

图 4.6　拉伸参数及结果

（3）选择"上视基准面"，单击"参考几何体" > "基准面"命令，新建一个与上视基准面平行且距离为 92 mm 的基准面 1。保持基准面 1 的选择，单击"草图绘制"命令，进行草图 3 的绘制。使用画图工具绘制如图 4.7 所示的几何图形，单击"退出草图"命令，完成草图 3 的绘制。

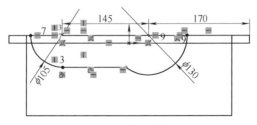

图 4.7　轴承座草图

（4）单击"拉伸凸台/基体"命令，在"终止条件"下拉列表框中选择"成形
到下一面"，单击"确定"按钮，完成拉伸特征 3 的绘制。

（5）然后在箱体底座的另一侧重复（3）和（4）中的操作，建立基准面 2 和
草图 4，完成拉伸特征 4 的绘制，绘制结果如图 4.8 所示。

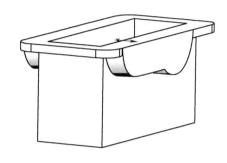

图 4.8　拉伸参数及结果

（6）选择"上视基准面"，进入草图 5 绘制，完成如图 4.9 所示的两个圆。

（7）在特征工具栏中，单击"拉伸切除"命令，选择"方向 1"和"方向 2"，
在"终止条件"下拉列表框中，选择"完全贯穿"，单击"确定"按钮。完成切
除 - 拉伸 1 的绘制，如图 4.10 所示。

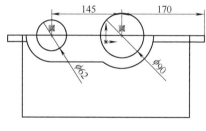
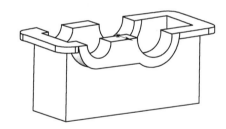

图 4.9　轴承孔草图　　　　　　　　　图 4.10　拉伸切除结果

（8）选择连接板的上端面，进行草图 6 的绘制，完成如图 4.11 所示的几何图
形，退出草图。

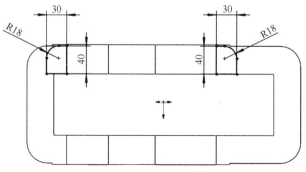

图 4.11　凸台草图几何形状

（9）在特征工具栏中，单击"拉伸凸台/基体"命令，设置拉伸深度为"45.00 mm"，起模斜度为"2.00 度"，单击"确定"按钮，完成拉伸特征 5 的绘制。然后保持"拉伸 5"的选择，并选择"上视基准面"，单击"镜像"工具完成实体的复制，如图 4.12 所示。

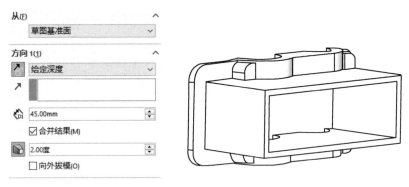

图 4.12　凸台拉伸参数和结果模型

（10）选择连接板的上端面，进行草图 7 的绘制，完成如图 4.13 所示的圆形，单击"退出草图"命令。单击"拉伸切除"命令，基于草图 7 所示的图形进行圆孔特征的绘制。然后保持上述两个圆孔的选择，同时选择"前视基准面"，单击"镜像"命令，完成实体的复制，结果如图 4.14 所示。

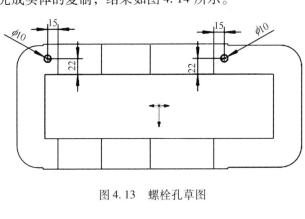

图 4.13　螺栓孔草图

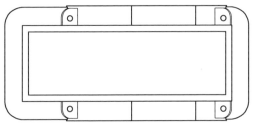

图 4.14　切除后模型

到此箱体凸缘建模完成。保存已完成的模型，命名为"箱体基础.sldprt"，以便后续进行箱体盖建模时使用。

底板

底板建模的操作步骤如下：

（1）接着上面的步骤继续操作。选择箱体底座的下端面，完成如图4.15所示几何形状的草图绘制，退出草图。单击"拉伸凸台/基体"命令，设置拉伸深度为"20.00 mm"。单击"确定"按钮，完成拉伸特征的绘制。如图4.16所示。

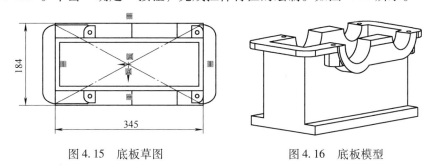

图4.15　底板草图　　　　　　　　　图4.16　底板模型

（2）以底板的前面为基准面，绘制如图4.17所示的几何形状，退出草图。在特征工具栏中，单击"拉伸切除"命令，对底板进行切除，结果如图4.18所示。

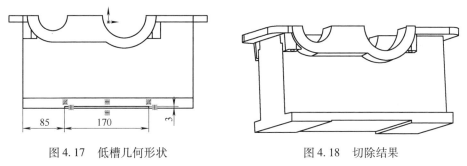

图4.17　低槽几何形状　　　　　　　图4.18　切除结果

（3）选择底板的前面进行草图的绘制。绘制如图4.19所示的两条直线，退出草图。然后单击"肋"命令，指定"厚度"类型为"两侧"，"拉伸方向"为"垂直于草图"，同时设置厚度为"10.00 mm"，单击"确定"按钮，完成"肋1"的绘制。然后保持"肋1"的选择，选择"上视基准面"，单击"镜像"命令，完成另一侧的肋特征。结果如图4.20所示。

（4）在底板上表面进行草图绘制，绘制出图4.21所示的一个点，退出草图。在特征工具栏中，单击"异型导向孔"命令，显示"孔规格"特征属性器，基本参数如图4.21所示。在"位置"中单击"3D草图"按钮，在所绘制的点处生成孔，完成M10六角头螺栓的柱形沉头孔特征的绘制。保持沉头孔的选择，并选择"前视基准面"，单击"镜像"命令，完成实体的对称复制。

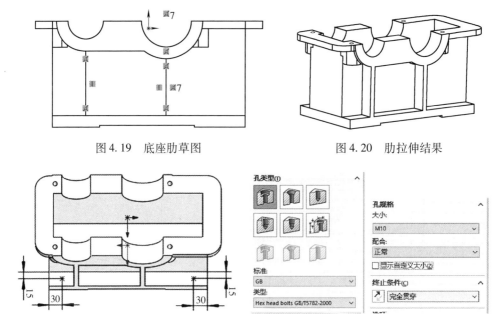

图 4.19　底座肋草图　　　　　　　　图 4.20　肋拉伸结果

图 4.21　孔的位置及规格特征

（5）选择"上视基准面"和已绘制好的沉头孔，单击"镜像"命令，完成所有沉头孔的绘制。至此，箱体底座建模完成，如图 4.22 所示。单击"保存"命令，模型命名为"箱体座 . sldprt"。

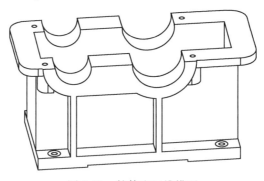

图 4.22　箱体座三维模型

4.1.2　箱体盖建模

箱体盖的建模步骤如下：

（1）在标准工具栏中，单击"打开"命令，调出前面绘制的"箱体基础 . sldprt"。

（2）在特征管理器中选择"上视基准面"，单击"草图绘制"命令，进行如图 4.23 所示几何图形的绘制，单击"退出草图"命令，完成草图的绘制。

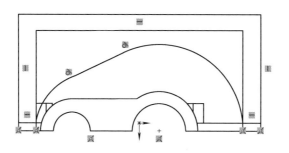

图 4.23　草图几何形状

（3）保持草图的选择，在特征工具栏中，单击"拉伸切除"命令，勾选"方向 2"复选按钮，均在"给定深度"选项的文本框中输入"60.00 mm"，单击"确定"按钮，完成特征实体的绘制，如图 4.24 所示。

（4）选择"上视基准面"，单击"草图绘制"命令，进行如图 4.25 所示的图形绘制。完成后，单击"退出草图"命令。保持草图的选择，在特征工具栏中，单击"拉伸凸台/基体"命令，指定双向拉伸方式，设置

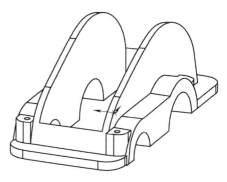

图 4.24　拉伸切除结果

拉伸深度为"60.00 mm"，单击"确定"按钮，完成实体特征的绘制，结果如图 4.26 所示。

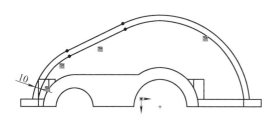

图 4.25　草图几何形状

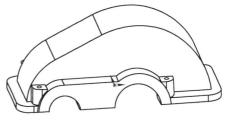

图 4.26　拉伸结果

（5）在菜单栏中，单击"视图" > "隐藏/显示" > "临时轴"命令，显示出所有的临时轴。然后同时选择"右视基准面"和凸缘大孔的临时轴，在参考几何工具栏中，单击"基准面"命令，设置"两面夹角"为"0.00 度"，单击"确定"按钮，完成基准面的设置。

（6）保持所建基准面的选择，单击"草图绘制"命令，进行新的草图绘制，绘制如图 4.27 所示的几何图形，退出草图。保持草图的选择，在特征工具栏中，单击"肋"命令，拉伸方向选择"平行于草图"，选择"反转材料边"复选按钮，

"厚度"类型选择"两侧"并设置厚度为"10.00 mm",单击"确定"按钮,完成肋的绘制。保持肋的选择,同时选择"上视基准面",单击"镜像"命令,复制对应的肋。结果如图4.28所示。

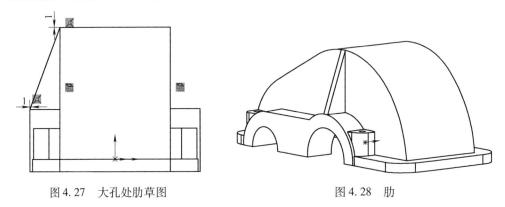

图4.27　大孔处肋草图　　　　　　　　　　图4.28　肋

（7）重复上述操作,完成凸缘小孔处两条肋的绘制,草图如图4.29所示。

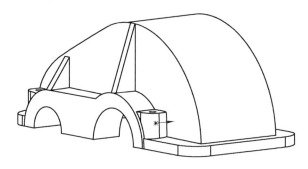

图4.29　小孔处肋草图

至此箱体盖的建模完成,结果如图4.30所示。单击"保存"命令,模型命名为"箱体盖.sldprt"。

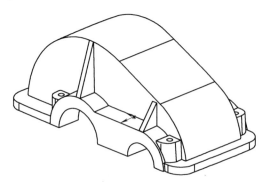

图4.30　箱体盖三维模型

4.1.3　箱体装配模型

（1）在 Solidworks 中，单击"文件" > "新建"命令，在弹出的新建文件对话框中，单击"装配体" > "确定"按钮。

（2）在"插入零部件"属性管理器中，单击"浏览"命令，并在"打开"对话框中选择已保存的"箱体座. sldprt"文件。单击"打开"命令，在图形区域任意处单击鼠标左键调出箱体座特征。

（3）在装配体工具栏中，单击"插入零部件"命令，调入"箱体盖. sldprt"文件，在图形区域中的任意处单击鼠标左键调入实体特征。结果如图 4.31 所示。

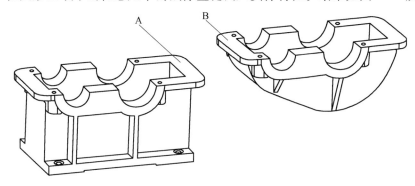

图 4.31　装配步骤一

（4）选择如图 4.31 所示的 A、B 两面，在装配体工具栏中，单击"配合"命令，在"标准配合"选项卡中，单击"重合"命令，单击"反向对齐"按钮，显示的配合关系如图 4.32 所示。

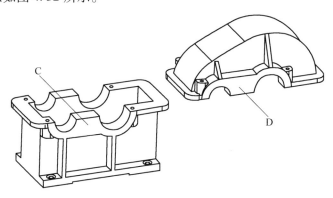

图 4.32　装配步骤二

（5）在图形区域中选择如图 4.32 所示的 C、D 两面，单击"配合" > "重合" > "同向对齐"命令，显示的配合关系如图 4.33 所示。

（6）在图形区域中选择如图 4.33 所示的 E、F 两面，单击"配合" > "重合" >

"同向对齐"命令，显示的配合关系如图 4.34 所示。齿轮减速器箱体装配完成。

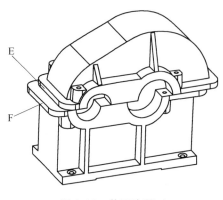

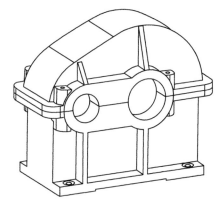

图 4.33　装配步骤三　　　　　　　图 4.34　齿轮减速器箱体三维模型

（7）单击"保存"命令，命名为"齿轮箱体 . sldasm"。

（8）完成箱体的装配后，将其另存为 parasolid. xt 格式的文件，以备后续 ANSYS 分析使用。

4.2　齿轮减速器箱体静力学分析

以下使用 ANSYS 对齿轮减速器箱体结构进行静力学分析，求解在箱体底面上受一面力作用时，箱体的变形及应力分布。

导入模型

打开 ANSYS 软件，在实用菜单栏（Utility Menu）中，单击 File > Import > PARA 命令，在弹出的对话框中选择已保存好的 parasolid. xt 格式文件，单击 OK 按钮。在实用菜单栏（Utility Menu）中，单击 PlotCtrls > Style > Solid Model Facets 命令，在弹出的对话框中选择"Normal Faceting"，单击 OK 按钮，完成模型导入。导入后的模型如图 4.35 所示。

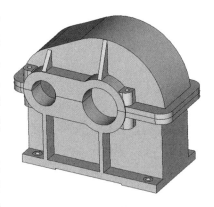

模型导入后，因为箱体盖和箱体座在实际中通过螺栓紧密地联接在一起，这里将其看作对箱体盖和箱体座进行粘接，单击 Main Menu > Preprocessor > Modeling > Operate > Booleans > Glue > Volumes 命

图 4.35　箱体模型

令，在图形区域中选择箱体盖和箱体座，单击 OK 按钮，完成箱体的粘接。

命令流：

```
/PREP7
VGLUE, ALL        ! 粘接所有体
```

定义单元类型与材料参数

（1）定义单元类型

在 ANSYS 中，单击 Main Menu > Preprocessor > Element Type > Add/Edit/Delete 命令，在单元类型对话框中，单击 Add 按钮，在弹出的单元库对话框中输入"45"，选择"Solid 45"单元，单击 OK 按钮，单击 Close 按钮。相应对话框及操作如图 4.36 所示。

命令流：

ET，1，SOLID45　　　　　　　! 选择单元类型为 SOLID45 单元

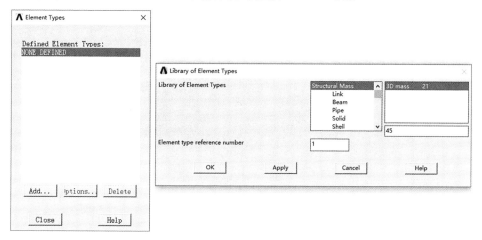

图 4.36　单元类型选择对话框

（2）定义材料属性

在 ANSYS 中，单击 Main Menu > Preprocessor > Material Props > Material Model 命令，在弹出的材料属性窗口中，在列表框中依次选择 Structural > Linear > Elastic > Isotropic，在弹出的对话框中设置 EX（弹性模量）为"2e11"；PRXY（泊松比）为"0.3"，单击 OK 按钮。相应对话框及操作如图 4.37 所示。

命令流：

MP，EX，1，2E11　　　　　! 定义弹性模量为 200 GPa

MP，PRXY，1，0.3　　　　　! 定义泊松比为 0.3

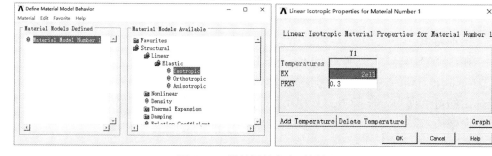

图 4.37　材料属性定义对话框

（3）定义密度

在 ANSYS 中，单击 Main Menu > Preprocessor > Material Props > Material Model 命令，在弹出的材料属性窗口中，在右侧列表框中依次选择 Structural > Density，在弹出的对话框中设置 DENS（密度）为"7850"，单击 OK 按钮。相应对话框及操作如图 4.38 所示。

命令流：

MP, DENS, 1, 7850　　　　　　　！定义密度为 7850 kg/m^3

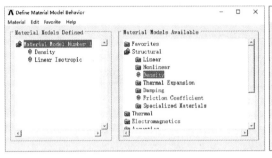
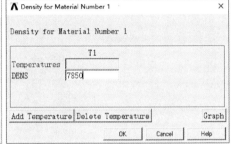

图 4.38　密度定义对话框

（4）退出材料属性对话框

单击 Material > Exit 命令，退出该对话框。

网格划分

在 ANSYS 中，单击 Main Menu > Preprocessor > Meshing > MeshTool 命令，在分网工具对话框中 Size Controls 选项组中单击 Global > set 命令，在弹出的对话框中，SIZE文本框中输入"0.006"。单击 OK 按钮，如图 4.39 所示。然后，在 Mesh Tool 命令栏中单击 Mesh 命令，在图像区域中选中整个箱体，单击 OK 按钮，网格划分完成。箱体的有限元模型如图 4.40 所示。

命令流：

ESIZE, 0.006　　　　　　　！定义单元尺寸为 6 mm

MSHAPE, 1, 3D　　　　　　！确定要划分的单元形状为 3D，生成四面体单元

MSHKEY, 0　　　　　　　！选择自由网格划分

VMESH, ALL　　　　　　　！划分所有体

施加约束

在 ANSYS 中，单击 Main Menu > Solution > Define Loads > Apply > Structural > Displacement > On Areas 命令，选择箱体地板的四个螺栓孔的内孔，单击 OK 按钮，在弹出的对话框中，选择"ALL DOF"，单击 OK 按钮，完成约束定义。

命令流：

/SOLU

ASEL, S, AREA,, 2, 8, 2　　　　　　　　！选择编号分别为 2，4，6，8 的面

ASEL, A, AREA,, 99, 108, 3　　　　! 选择编号分别为 99, 102, 105, 108 的面
DA, ALL, ALL　　　　　　　　　! 将选择的面全约束
ALLS　　　　　　　　　　　　　! 选择所有实体

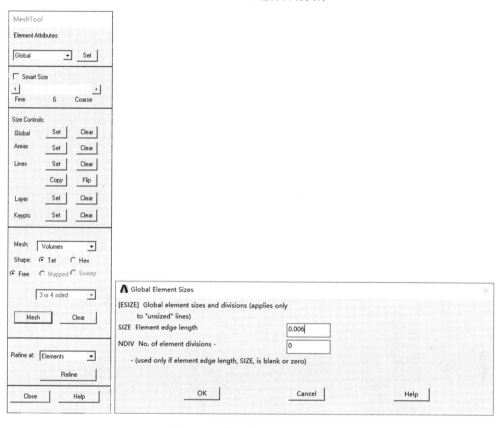

图4.39　单元大小定义对话框

施加载荷

在 ANSYS 中，单击 Main Menu > Solution > Define Loads > Apply > Structural > Force/Moment > On Nodes 命令，在箱体座底面上所有的节点上施加力载荷。在弹出的拾取对话框中，选择"Box"方式拾取节点（图 4.41），然后在实用菜单栏（Utility Menu）中单击 Plot > Nodes 命令，在图形区域中将显示出所有节点，选择箱体最下面一层节点，单击 OK 按钮，弹出如图 4.42 所示的对话框，选择 Direction of force/mom 为"FZ"方向，在 Force/moment value 文本框中输入"-10"（施加载荷力 10N）。单击 OK。

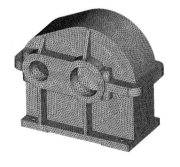

图4.40　齿轮减速器箱体网格模型

命令流：

ASEL, S, AREA,, 25, 84, 59　　　! 选择箱体底面，编号分别为 25 和 84

NSLA, S, 1　　　　　　　　　　! 选择已选面上的节点

F, ALL, FZ, -10　　　　　　　　! 在所选节点上施加沿 Z 负方向大小为 10N 的载荷

ALLS　　　　　　　　　　　　　! 选择所有实体

求解

在 ANSYS 中，单击 Main Menu > Solution > Solve > Current LS 命令，单击出现的 Solve Current Load Step 对话框的 OK 按钮。出现 Solution is done 提示时，求解结束。

命令流：

SOLVE

FINISH

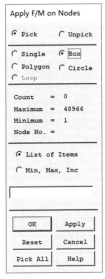

图 4.41　节点选择对话框　　　　　　　图 4.42　施加载荷对话框

结果处理

（1）查看变形

在 ANSYS 中，单击 Main Menu > General Postproc > Plot Results > Deformed Shape 命令，弹出如图 4.43 所示的对话框，单击 Def + undef edge（变形 + 未变形的模型边界）单选按钮，单击 OK 按钮，结构变形结果如图 4.44 所示。

（2）查看应力

在 ANSYS 中，单击 Main Menu > General Postproc > Plot Results > Contour Plot > Nodal Solu 命令，弹出如图 4.45 所示的对话框。在列表框中依次选择 Nodal Solution > Stress > von Mises stress，von Mises stress 为第四强度理论的当量应力，单击 OK 按钮，结果如图 4.46 所示，可以看出，应力最大值在箱体底部，最大值为 14.7 MPa。

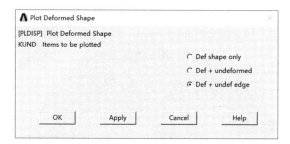

图 4.43　显示变形对话框

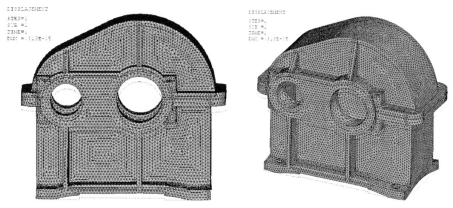

图 4.44　箱体的变形

图 4.45　应力显示对话框

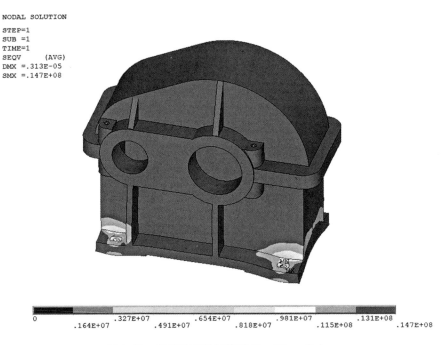

图 4.46 齿轮减速器箱体的 Von Mises 应力

4.3 齿轮减速器箱体模态分析

在完成齿轮减速器箱体的静力学分析基础上，对其进行模态分析，其具体步骤如下。

求解

（1）定义分析类型

在 ANSYS 中，单击 Main Menu > Solution > Analysis Type > New Analysis 命令，单击 Modal 单选按钮，单击 OK 按钮，如图 4.47 所示。

命令流：

/SOLU

ANTYPE，MODAL

（2）指定分析选项

在 ANSYS 中，单击 Main Menu > Solution > Analysis Type > Analysis Options 命令，单击 Block lanczos 单选按钮；在 No. of modes to extract 文本框中输入 "6"，表示计算前 6 阶模态；在 NMODE No. of modes to expand 文本框中也输入 "6"，并打开计算单元应力，单击 OK 按钮，如图 4.48 所示。然后会弹出一个对话框，再单击 OK 按钮（使用默认设置）。

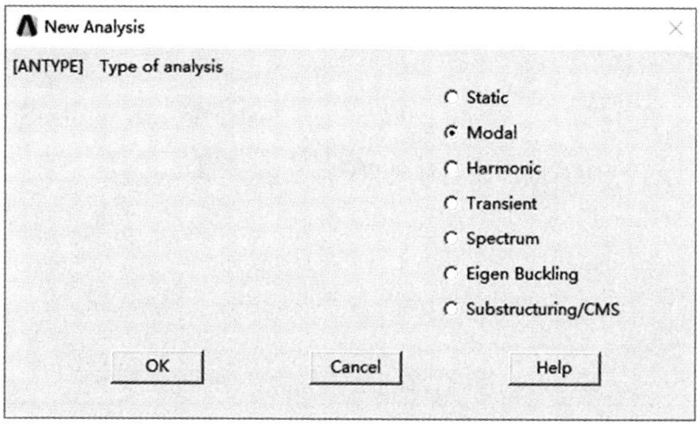

图 4.47 分析类型定义对话框

命令流：

MODOPT，LANB，6   ！计算前 6 阶模态
MXPAND，6，，，1   ！打开拓展模态，并计算单元应力

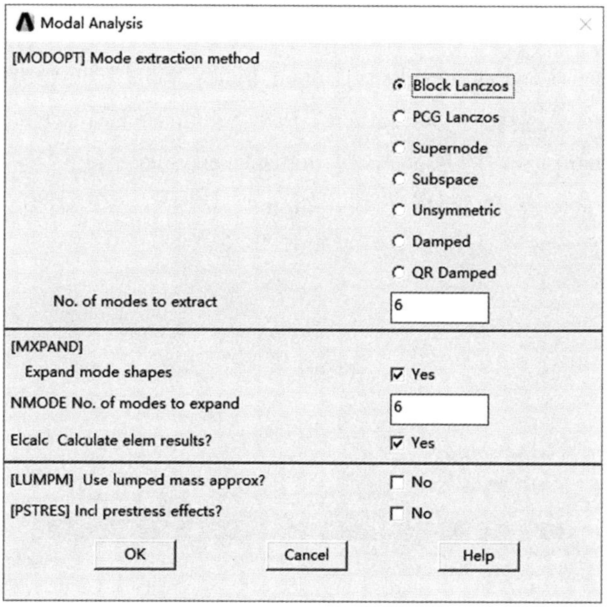

图 4.48 分析选项对话框

（3）求解

在 ANSYS 中，单击 Main Menu > Solution > Solve > Current LS 命令，求解结束后关闭信息窗。

命令流：

SOLVE

FINISH

结果后处理

（1）观察固有频率

在 ANSYS 中，单击 Main Menu > General Posrproc > Results Summary 命令，显示固有频率。齿轮减速器箱体前 6 阶固有频率见表 4.1。

命令流：

/POST1

SET，LIST　　　　　　　　　！列表显示固有频率

表 4.1　齿轮减速器箱体前 6 阶固有频率

阶次	1	2	3	4	5	6
频率/Hz	545.56	995.18	1353.7	1407.9	1609.2	1821.9

（2）观察箱体振型

在 ANSYS 中，单击 Main Menu > General Posrproc > Read Results > By Pick 命令，在弹出的对话框中选中要观察的某阶振型所对应的固有频率，单击 Read 按钮，再单击 Close 按钮。这里以齿轮减速器箱体一阶振型为例，如图 4.49 所示。单击 Main Menu General Posrproc > Plot Results > Contour Plot > Nodal Solu 命令，在弹出的对话框中的列表框中依次选择 Nodal Solution > DOF Solution > Displacement vector sum，并在 Undisplaced shape key 选项组中的 undisplaced shape key 下拉列表框中选择"Deformed shape only"，单击 OK 按钮，如图 4.50 所示，在图形区便显示出该阶振型。要想观察其他阶次的振型，重复此操作即可。

命令流：

SET,,,,,, 1　　　　　　　　　！选择第一阶模态

PLNSOL，U，SUM，0，1　　　　！显示第一阶振型

FINISH

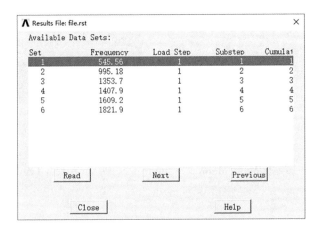

图 4.49　结果选择对话框

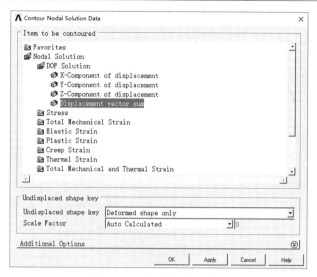

图 4.50　查看变形对话框

箱体的前 6 阶振型如图 4.51 所示。

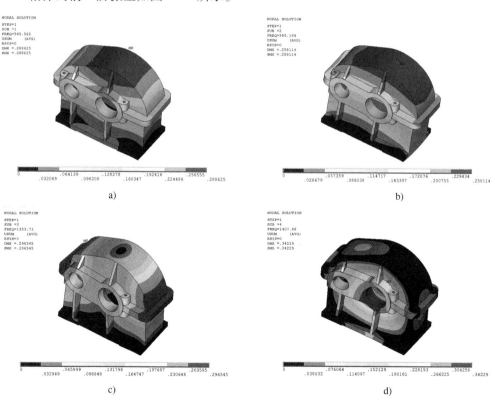

a)

b)

c)

d)

图 4.51　齿轮减速器箱体振型

a) 第一阶振型　b) 第二阶振型　c) 第三阶振型　d) 第四阶振型

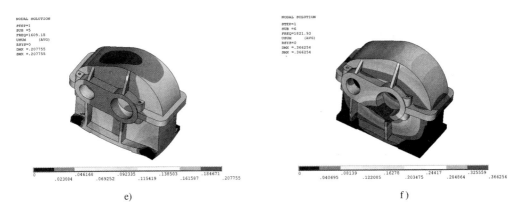

图 4.51　齿轮减速器箱体振型（续）

e）第五阶振型　f）第六阶振型

　　本节对齿轮减速器箱体进行了三维实体建模，并进一步对其进行了静力学和模态分析。详细介绍了采用三维 CAD 软件 Solidworks 对箱体底座、箱体盖以及装配体进行建模的操作过程。采用有限元分析软件 ANSYS 求解了齿轮减速器箱体在底面受到力作用时的变形以及应力分布情况。采用模态分析功能求解了箱体的前六阶固有频率及振型。

第 5 章　齿轮结构静力学及模态分析

本章以齿轮轴为例，介绍使用 Solidworks 软件进行实体建模，以及使用 ANSYS 进行静力学及模态分析的方法，读者应通过实践掌握 CAD 模型导入、分网、施加约束、求解及后处理等相关技巧。

5.1　齿轮结构三维实体建模

本节介绍使用 Solidworks 软件建立齿轮三维模型的过程。所要建模及分析齿轮的具体形状（详细几何尺寸在建模过程中给出）如图 5.1 所示。

齿轮是形状结构较为复杂的零部件，为了之后能顺利使用 ANSYS 进行网格划分和快速求解，在建模过程中，去掉了一些影响有限元计算效率但是对计算结果影响小到可以忽略的模型特征。

在进行齿轮绘制前，这里先给出齿轮的各项参数：模数 $m = 2$ mm、齿数 $z = 110$。通过这些参数可以计算出：分度圆直径 $= 220$ mm、齿顶圆直径 $= 224$ mm、齿根圆直径 $= 215$ mm。齿轮建模的操作步骤如下：

（1）在 Solidworks 中，单击"文件" > "新建"命令，在弹出的新建文件对话框中单击"零件"命令，单击"确定"按钮。

（2）在特征管理器中选择"前视基准面"，单击"草图绘制"命令，进入草图绘制界面。在草图工具栏中，单击"圆"命令，以草图原点为圆心分别绘制出分度圆、齿顶圆、齿根圆。然后选择分度圆，单击"工具" > "草图工具" > "构造几何线"命令，使分度圆变为点画线，结果如图 5.2 所示。

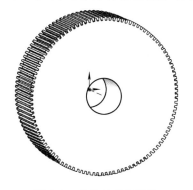

图 5.1　齿轮的几何形状

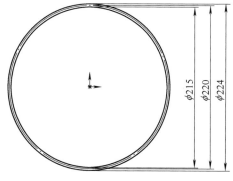

图 5.2　齿轮轮廓

（3）单击"中心线"命令，过草图原点绘制一条竖直的中心线。单击"点"命令，移动鼠标到中心线与分度圆相交的位置，绘制点。

（4）保持点的选择，在草图工具栏中单击"圆周阵列"命令，在"数量"文本框中输入"440"，单击"确定"按钮。需要指出的是：点的绘制对后面的实体绘制没有本质的作用，但它为后面的操作提供了参照。

（5）在草图工具栏中，单击"样条曲线"命令，在点的引导下绘制如图 5.3 所示的曲线，注意曲线的端点分别在齿顶圆与齿根圆上。这里把齿形的渐开线的绘制简化为简单的样条曲线。

（6）同时选中曲线与中心线，单击"镜像实体"命令，完成曲线的镜像复制操作，结果如图 5.3 所示。然后单击"剪裁实体"命令，选择"剪裁到最近端"选项，剪裁齿顶圆，结果如图 5.4 所示。

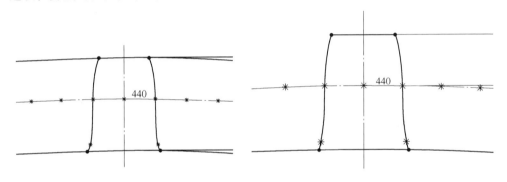

图 5.3　绘制齿廓曲线　　　　　　　图 5.4　剪裁齿顶圆

（7）在草图工具栏中，单击"分割实体"命令，选择曲线与齿根圆的交点进行分割。单击"退出草图"命令，完成草图绘制。

（8）在特征工具栏中，单击"拉伸凸台/基体"命令，设置拉伸深度为"70.00 mm"，选择齿根圆的轮廓。单击"确定"按钮，完成拉伸特征的绘制，结果如图 5.5 所示。

（9）在图形区域中选择拉伸实体的前表面，单击"草图绘制"命令，进行草图 2 的绘制。在特征管理设计树中将草图 1 显示出。在图形区域中选择草图 1 中的齿状轮廓，在草图工具栏中单击"转换实体引用"命令，即在草图 2 中得到齿廓形状。单击"退出草图"命令，完成草图 2 的绘制，结果如图 5.6 所示。

（10）在特征工具栏中，单击"放样凸台/基体"命令，在图形区域中选择草图 1 的齿状轮廓和草图 2 的轮廓。单击"确定"按钮，完成轮齿的绘制，结果如图 5.7所示。

（11）在菜单栏中，单击"视图" > "临时轴"命令。然后在特征工具栏中，单击"圆周阵列"命令，选择临时轴为阵列轴，选择放样 1 为要阵列的特征；勾选"等间距"复选按钮，设置阵列数为"110"。单击"确定"按钮，完成整周齿轮的绘制，如图 5.8 所示。

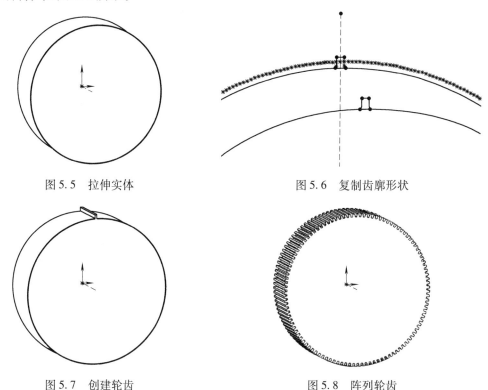

图 5.5   拉伸实体   图 5.6   复制齿廓形状

图 5.7   创建轮齿   图 5.8   阵列轮齿

（12）选择齿轮的前端面，单击"草图绘制"命令，进入草图 3 绘制界面。在草图工具栏中，单击"圆"命令，以坐标原点为圆心，绘制直径为 52 mm 的圆。单击"退出草图"命令，完成草图绘制。

（13）保持草图 3 的选择，在特征工具栏中，单击"切除拉伸"命令，在终止条件下拉列表框中选择"完全贯穿"命令，单击"确定"按钮，完成轴孔的绘制。结果如图 5.9 所示。

（14）在工具栏中单击"保存"命令，模型文件命名为"齿轮模型 . sldprt"。至此，齿轮简化模型建模完成。

（15）将其另存为 parasolid. xt 格式的文件，以备后续 ANSYS 分析使用。

由于轴的结构相对简单，因此，轴的建模过程在 ANSYS 中进行，这里不再介绍在 Solidworks 中轴的建模过程。

图 5.9   齿轮三维模型

5.2　齿轮结构静力学分析

以下使用 ANSYS 对齿轮 – 轴系统进行静力学分析，求解在轮齿上受一集中力作用时，齿轮的变形及应力分布。

轴的建立

首先定义轴的单元类型与材料参数。

（1）定义单元类型

在 ANSYS 中，单击 Main Menu > Preprocessor > Element Type > Add/Edit/Delete 命令，在单元类型对话框中单击 Add 按钮，在弹出的单元库对话框中输入 "188"，选择 "Beam188" 单元，单击 OK 按钮，再单击 Close 按钮。

命令流：

```
/PREP7
ET，1，BEAM188              ！选择单元类型为 Beam188 单元
```

（2）定义材料属性

在 ANSYS 中，单击 Main Menu > Preprocessor > Material Props > Material Model 命令，在弹出对话框中的 Material Models Available 列表框中依次选择 Structural > Linear > Elastic > Isotropic，在弹出的对话框中设置 EX（弹性模量）为 "2e11"；PRXY（泊松比）为 "0.3"，单击 OK 按钮。如图 5.10 所示。

命令流：

```
MP，EX，1，2E11            ！定义弹性模量为 200 GPa
MP，PRXY，1，0.3          ！定义泊松比为 0.3
```

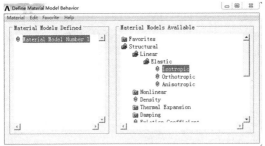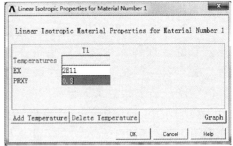

图 5.10　材料属性定义对话框

（3）定义密度

在 ANSYS 中，单击 Main Menu > Preprocessor > Material Props > Material Modelm 命令，在弹出对话框中的 Material Models Available 列表框中依次选择 Structural > Density，在弹出的对话框中的 DENS（密度）文本框中输入 "7850"，单击 OK 按钮。如图 5.11 所示。

命令流：

MP, DENS, 1, 7850　　　　　! 定义密度为7850kg/m^3

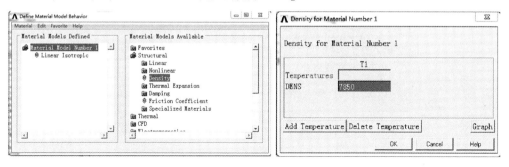

图 5.11　密度定义对话框

（4）退出材料属性对话框

单击 Material > Exit 命令，退出该对话框。

齿轮轴模型建立

已知该轴的几何尺寸参数如图 5.12 所示。注意：在轴的建模过程中，要注意该轴在坐标系中的位置，应使其与齿轮刚好配合在一起，这样就可以避免在后期对轴进行移动。

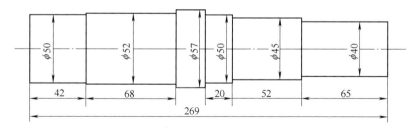

图 5.12　阶梯轴几何图形

（1）创建轴所需的关键点

在 ANSYS 中，单击 Main Menu > Preprocessor > Modeling > Create > Keypoints > In Active CS 命令，在弹出的对话框中输入关键点编号与坐标，如图 5.13 所示。然后单击"Apply"按钮，节点编号加 1，分别创建接下来的关键点 2、3、4、5、6、7，其坐标分别为：（0，0，0）、（0，0，0.068）、（0，0，0.090）、（0，0，0.110）、（0，0，0.162）、（0，0，0.227）。最后单击 OK 按钮，完成关键点创建。

命令流：

K, 1, 0, 0, -0.042 $ K, 2, 0, 0, 0　　$ K, 3, 0, 0, 0.068　$ K, 4, 0, 0, 0.090

K, 5, 0, 0, 0.110　　$　K, 6, 0, 0, 0.162 $ K, 7, 0, 0, 0.227

（2）创建直线

在 ANSYS 中，单击 Main Menu > Preprocessor > Modeling > Create > Lines >

Straight Line 命令，在图形区域中依次两两选中关键点 1 至 7，创建出 6 条直线，如图 5.14 所示。

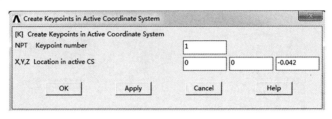

图 5.13　创建关键点

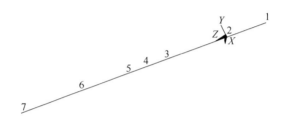

图 5.14　由关键点创建直线

命令流：

L，1，2　$　L，2，3　$　L，3，4　$　L，4，5　$　L，5，6　$　L，6，7

（3）创建轴截面

在 ANSYS 中，单击 Main Menu > Preprocessor > Sections > Beam > Common Sections 命令，弹出图 5.15 所示的对话框。"ID" 为截面编号；"Sub-Type" 选择圆形截面；R 为轴段半径；N 为一周分的份数，T 为轴径向的份数。第一个轴段的参数如图 5.15 所示，接下来循环此步骤，分别建立剩余轴段的截面，编号依次为 2、3、4、5、6。N 和 T 可根据轴段半径自行调节。

命令流：

SECTYPE，1，BEAM，CSOLID，，0

SECOFFSET，CENT

SECDATA，0.025，60，5，0，0，0，0，0，0，0，0，0

SECTYPE，2，BEAM，CSOLID，，0

SECOFFSET，CENT

SECDATA，0.026，60，5，0，0，0，0，0，0，0，0，0

SECTYPE，3，BEAM，CSOLID，，0

SECOFFSET，CENT

SECDATA，0.0285，65，6，0，0，0，0，0，0，0，0，0

SECTYPE，4，BEAM，CSOLID，，0

SECOFFSET，CENT

SECDATA，0.025，60，5，0，0，0，0，0，0，0，0，0

SECTYPE, 5, BEAM, CSOLID,, 0
SECOFFSET, CENT
SECDATA, 0.0225, 55, 4, 0, 0, 0, 0, 0, 0, 0, 0, 0
SECTYPE, 6, BEAM, CSOLID,, 0
SECOFFSET, CENT
SECDATA, 0.020, 50, 4, 0, 0, 0, 0, 0, 0, 0, 0, 0

（4）轴段份数划分

在 ANSYS 中，单击 Main Menu > Preprocessor > Meshing > Mesh Tool 命令，在弹出的划分工具对话框 Size Controls 选项组找到 Lines，单击其后的 Set 按钮，弹出 Element Size on Picked Lines 对话框，在图形区域选中由关键点 1、2 生成的线，单击 OK 按钮，弹出图 5.16 所示对话框，设置划分单元数为 21，单击 Apply 按钮，完成第一个轴段的划分。重复上述划分单元步骤，对剩余的轴段进行划分，划分的份数依次为：34、11、10、26、32。

命令流：

LESIZE, 1,,, 21,,,,, 1
LESIZE, 2,,, 34,,,,, 1
LESIZE, 3,,, 11,,,,, 1
LESIZE, 4,,, 10,,,,, 1
LESIZE, 5,,, 26,,,,, 1
LESIZE, 6,,, 32,,,,, 1

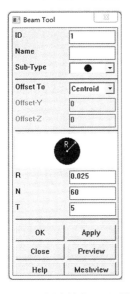

图 5.15　创建轴截面对话框

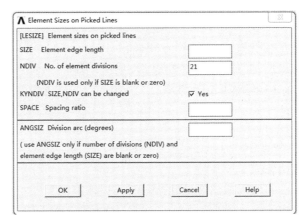

图 5.16　单元尺寸设置对话框

（5）对轴进行网格划分

在 ANSYS 中，单击 Main Menu > Preprocessor > Meshing > Mesh Tool 命令，弹出

划分工具对话框 Mesh Tool，在单元属性选项组 Element Attributes 中，单击 "Set"
按钮，设置单元属性。在 Element type number 下拉列表框中选择 "1 Beam188"；
section number 下拉列表框中选择 "1"，单击 OK 按钮，如图 5.17 所示。在划分工
具命令栏中，在 Mesh 下拉列表框中选择 "Lines"，单击 Mesh 按钮，在图形区域中
选择第一条直线，单击 OK 按钮，完成直线 1 的划分。重复此步骤，且依次选择截
面编号 2、3、4、5、6，完成轴的网格划分。

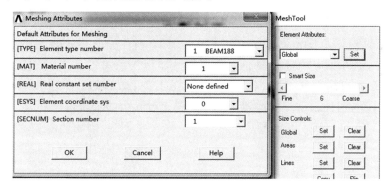

图 5.17　选择第一段轴

命令流：

TYPE, 1	$	SECNUM, 1	$	LMESH, 1
SECNUM, 2	$	LMESH, 2		
SECNUM, 3	$	LMESH, 3		
SECNUM, 4	$	LMESH, 4		
SECNUM, 5	$	LMESH, 5		
SECNUM, 6	$	LMESH, 6		

（6）设置显示单元形状

在实用菜单栏（Utility Menu）中，单击 PlotCtrls > Style > Size and Shape 命令，
在弹出的对话框中（图 5.18），单击 "Display of element" 单选按钮，单击 "OK"
按钮，结果如图 5.19 所示。

命令流：

/ESHAPE, 1

/REPLOT

导入齿轮模型

在实用菜单栏（Utility Menu）中，单击 File > Import > PARA 命令，在弹出的对
话框中选择已保存好的 parasolid. xt 格式文件，单击 OK 按钮。然后在实用菜单栏
（Utility Menu）中，单击 PlotCtrls > Style > Solid Model Facets 命令，在弹出的对话框
的下拉列表框中选择 "Normal Faceting"，单击 OK 按钮，完成模型导入，导入后的
模型如图 5.20 所示。

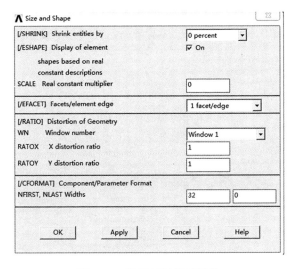

图 5.18　设置显示单元形状

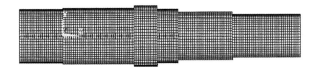

图 5.19　轴的有限元模型

齿轮网格划分

首先定义单元类型与材料参数。

定义单元类型：在 ANSYS 中，单击 Main Menu > Preprocessor > Element Type > Add/Edit/Delete 命令，在单元类型对话框中单击 Add 按钮，在弹出的单元库文本框中输入"185"，选择 Solid185 单元，单击 OK 按钮，再单击 Close 按钮，如图 5.21 所示。

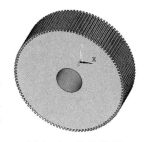

图 5.20　齿轮模型

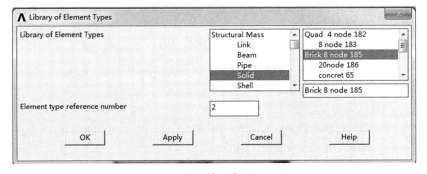

图 5.21　选择单元类型 Solid185

单击 Apply 按钮，重复上述操作，选择 Mesh Facet 200 单元，如图 5.22 所示。同时在 Element Types 选项组中选择 Type3 MESH200 将 Option 中的 K1 的值改成 "QUAD 4-NODE"，如图 5.23 所示。

命令流：
/PREP7
ET, 2, SOLID185　　　　　! 选择单元类型为 SOLID185 单元
ET, 3, MESH200　　　　　! 选择单元类型为 MESH200 单元
KEYOPT, 3, 1, 6

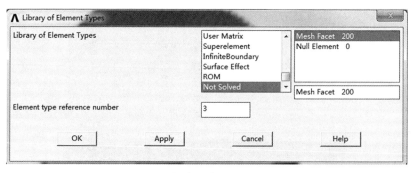

图 5.22　选择单元类型 Mesh Facet200

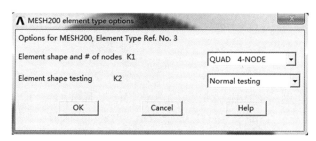

图 5.23　设置 Mesh200 单元类型选项

接下来进行齿轮网格的划分。在对齿轮进行网格划分时，首先对齿轮的一个端面进行划分，然后再扫掠选项组完成整个齿轮的划分。在 ANSYS 中，单击 Main Menu > Meshing > MeshTool 命令，弹出 Mesh Tool 对话框，在 Size Controls 选项组中单击 Global 后的 Set 按钮。在弹出的对话框中，SIZE 文本框中输入 "0.004"。单击 OK 按钮，如图 5.24 所示。在 Element Attributes 选项组中单击 set 按钮，弹出 Meshing Attibutes 对话框，在 [TYPE] 下拉列表框中选择单元类型 MESH200，单击 OK 按钮。查看齿轮前端面编号，为 113，在 Mesh Tool 对话框 Mesh 选项组下拉列表中选择 Areas，单击 Mesh 按钮，如图 5.25 所示，弹出 Mesh Volumes 对话框，输入 113，单击 OK 按钮，113 号面网格划分完成。

命令流：
TYPE, 3

ESIZE, 0.004　　　　　! 定义单元尺寸为 4 mm

MSHAPE, 0, 2D

MSHKEY, 0

AMESH, 113　　　　　　! 划分面 113

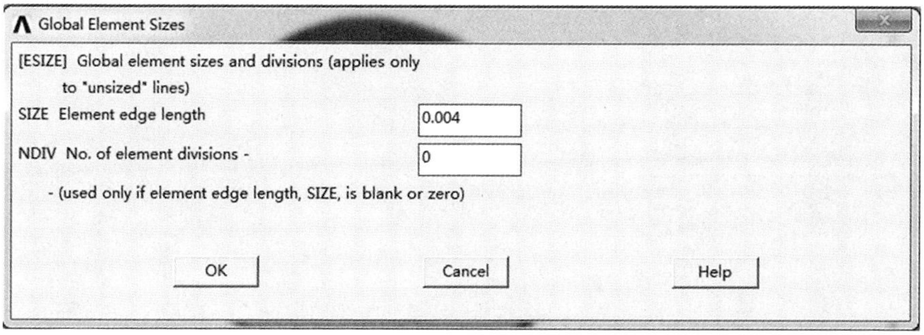

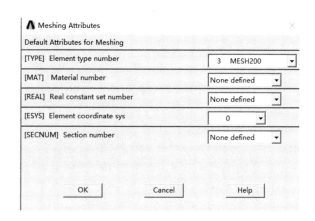

图 5.24　单元大小定义对话框

图 5.25　面网格划分图

接下来扫掠完成整个齿轮的网格划分。打开分网工具对话框。在 Element Attibutes 选项组中单击 set 按钮，弹出 Meshing Attributes 对话框，在 [TYPE] 下拉列表框中选择单元类型 SOLID185，单击 OK 按钮，回到 MeshTool 对话框，单击 Sweep 按钮，对整个齿轮进行划分，如图 5.26 所示。网格划分完成后的齿轮 – 轴系统有限元模型如图 5.27 所示。

命令流：
TYPE, 2
VSWEEP, 1

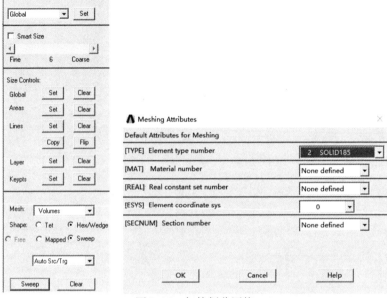

图 5.26　扫掠划分网格

建立齿轮 - 轴的耦合约束

　　首先将激活坐标系转换到圆柱坐标系下，方法是在实用菜单栏中（Utility Menu）中，单击 Workplane > Change Active CS to > Global Cylindrical 命令。在 ANSYS 中，单击 Select > Entities 命令，打开 Select Entities 对话框，在第一个下拉菜单中选择 Areas，继续选择 From Full，单击 OK 按钮，依次输入齿轮孔面编号 1 和 444，单击 OK 按钮。再次进入 Select Entities 对话框，在第一个下拉菜单中

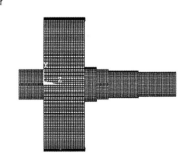

图 5.27　齿轮 - 轴系统有限元模型

选择 Nodes，在第二个下拉菜单中选择 Attached to，勾选 Reselect，勾选 Sele All，单击 OK 按钮。再次进入 Select Entities 对话框，在第一个下拉菜单中选择 Nodes，在第二个下拉菜单中选择 By Num/Pick，选择 Also Select，单击 OK 按钮，输入轴节点编号 40 并确定。在 ANSYS 中，单击 Main Menu > Preprocessor > Coupling/Ceqn > Couple DOFs 命令，弹出对话框后，单击 Pick All 命令，在弹出的 Define Coupled DOFs 对话框中，设置 NEST（编号）为 "1"，Degree-freedom label 下拉列表框中选择 "ALL"，单击 OK 按钮，完成耦合定义，如图 5.28 所示。重复该步骤完成轴与齿轮耦合约束，结果如图 5.29 所示。

命令流：

```
ASEL, S, AREA,, 1, 444, 443      ! 选择面 1 和面 444
NSLA, S, 1                       ! 选择面上的节点
NSEL, A, NODE,, 40              ! 再选择编号为 40 的节点
CP, 1, ALL, ALL                 ! 定义耦合
ALLS
```

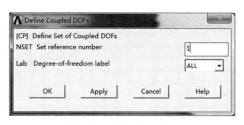

图 5.28　定义耦合约束

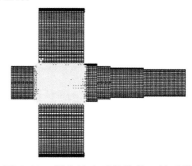

图 5.29　耦合约束后的齿轮 – 轴系统

施加约束

在 ANSYS 中，单击 Main Menu > Solution > Define Loads > Apply > Structural > Displacement > On Nodes 命令，选择轴两端的节点，单击 OK 按钮，在弹出的 Apply U, ROT on Nodes 对话框的 DOFS to be constrained 下拉列表框中选择"ALL DOF"，单击 OK 按钮，完成约束定义，结果如图 5.30 所示。

命令流：

```
NSEL, S, NODE,, 1, 104, 103      ! 选择节点 1 和节点 104
D, ALL, ALL                      ! 将两个节点全约束
ALLS
```

施加载荷

在施加载荷前，应先将要被施加载荷节点的节点坐标系旋转到与当前激活坐标系平行。首先将激活坐标系转换到圆柱坐标系下，在实用菜单栏（Utility Menu）中，单击 Workplane > Change Active CS to > Global Cylindrical 命令，然后在 ANSYS 中，单击 Main Menu > Preprocessor > Modeling > Move/ Modify > Rotate Node CS > To Active CS 命令，在弹出的节点选择对话框中，在图形区域内选择要施加载荷的节点，如图 5.31 所示。

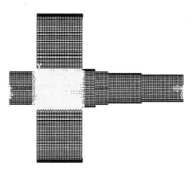

图 5.30　施加节点位移约束后的
齿轮 – 轴耦合系统

选择完成之后，单击 OK 按钮完成节点坐标的旋转。在 ANSYS 中，单击 Main Menu > Solution > Define Loads > Apply > Structural > Force/Moment > On Nodes 命令，弹出拾取对话框后，选择要施加载荷的节点，单击 OK 按钮，弹出如图 5.32 所示的对话框，在 Direction of force/mom 下拉列表框中选择

"FY"方向，在 Force/moment value 文本框中输入"−100"（施加载荷力 100N）。单击 OK 按钮，结果如图 5.33 所示。最后将激活坐标系再转换到笛卡儿坐标系下。

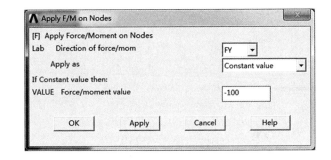

图 5.31　拾取节点对话框　　　　　　　　　图 5.32　在节点上施加力

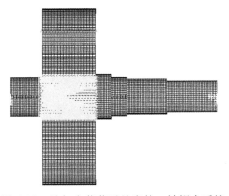

图 5.33　施加力载荷后的齿轮 – 轴耦合系统

命令流：

```
CSYS, 1
NROTAT, 21062, 21079, 1
NROTAT, 231
NSEL, S,,, 21062, 21079, 1
NSEL, A,,, 231
CM, N1, NODE
F, N1, FY, −100
ALLS
CSYS, 0
```

求解

在 ANSYS 中，单击 Main Menu > Solution > Solve > Current LS 命令，在弹出的 Solve Current Load Step 对话框中，单击 OK 按钮。出现 Solution is done 提示时，求解结束。

命令流：

/SOLU

SOLVE

FINISH

结果处理

（1）查看变形

在 ANSYS 中，单击 Main Menu > General Postproc > Plot Results→Deformed Shape 命令，弹出如图 5.34 所示的对话框，单击 Def + undef edge 单选按钮（变形 + 未变形的模型边界），单击 OK 按钮。结构变形结果如图 5.35 所示。

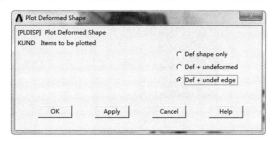

图 5.34　显示变形对话框

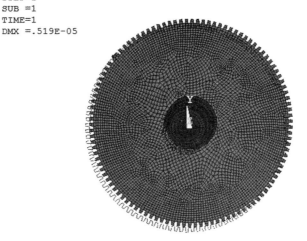

图 5.35　系统位移变形结果

（2）查看应力

在 ANSYS 中，单击 Main Menu > General Postproc > Plot Results > Contour Plot >

Nodal Solu 命令，在弹出的对话框中的列表框中，依次选择 Nodal Solution > Stress > von Mises stress（von Mises stress 为第四强度理论的当量应力），单击 OK 按钮，结果如图 5.36 所示，可以看出，应力最大值位于齿根处，最大值为 56.7 MPa。

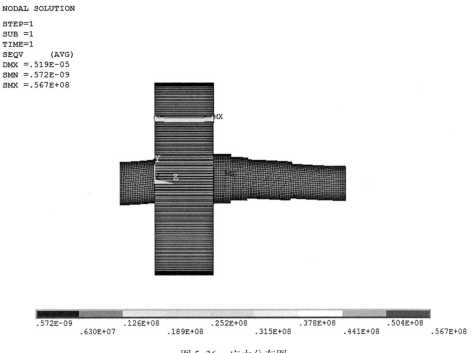

```
NODAL SOLUTION

STEP=1
SUB =1
TIME=1
SEQV      (AVG)
DMX =.519E-05
SMN =.572E-09
SMX =.567E+08
```

```
.572E-09        .126E+08        .252E+08        .378E+08           .504E+08
     .630E+07        .189E+08        .315E+08        .441E+08           .567E+08
```

图 5.36　应力分布图

5.3　齿轮结构模态分析

在完成齿轮 - 轴耦合系统的静力学分析基础上，对其进行模态分析，其具体步骤如下：

求解

（1）定义分析类型

在 ANSYS 中，单击 Main Menu > Solution > Analysis Type > New Analysis 命令，单击 Modal 单选按钮，单击 OK 按钮，如图 5.37 所示。

命令流：

/SOLU

ANTYPE, MODAL

（2）指定分析选项

在 ANSYS 中，单击 Main Menu > Solution > Analysis Type > Analysis Options 命令，单击 Block lanczos 单选按钮；在 No. of modes to extract 文本框中输入 "10"，表示计

算前 10 阶模态；在 NMODE No. of modes to expand 中文本框也输入"10"，并打开计算单元应力，单击 OK 按钮，如图 5.38 所示。然后会弹出一个对话框，再单击 OK 按钮（使用默认设置）。

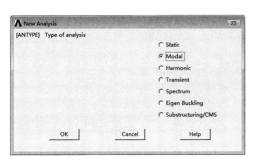

图 5.37　分析类型定义对话框　　　　　　图 5.38　分析选项对话框

命令流：

MODOPT，LANB，10　　　! 计算前 10 阶模态

MXPAND，10,,, 1　　　　! 打开拓展模态，并计算单元应力

（3）求解

在 ANSYS 中，单击 Main Menu > Solution > Solve > Current LS 命令，求解结束后关闭信息窗。

命令流：

SOLVE

FINISH

结果后处理

（1）观察固有频率

在 ANSYS 中，单击 Main Menu > General Posrproc > Results Summary 命令，显示固有频率。齿轮－轴耦合系统前 6 阶固有频率见表 5.1。

命令流：

/POST1

SET，LIST　　　　　　! 列表显示固有频率

表 5.1　齿轮－轴耦合系统前 6 阶固有频率

阶次	1	2	3	4	5	6
频率/Hz	918. 16	2560. 3	3260. 0	3893. 7	4382. 6	5038. 6

（2）观察振型

在 ANSYS 中，单击 Main Menu > General Posrproc > Read Results > By Pick 命令，在弹出的对话框中选中要观察的某阶振型所对应的固有频率，单击 Read 按钮，再单击 Close 按钮。这里以齿轮－轴系统一阶振型为例，如图 5.39 所示。然后再通过单击 General Posrproc > Plot Results > Contour Plot > Nodal Solu 命令，在弹出的对话框的列表框中依次选择 Nodal Solution > DOF Solution > Displacement vector sum，并在 Undisplaced shape key 下拉列表框中选择 Deformed shape only，单击 OK 按钮，如图 5.40 所示，在图形区便显示出该阶振型。要想观察其他阶次的振型，重复此操作即可。

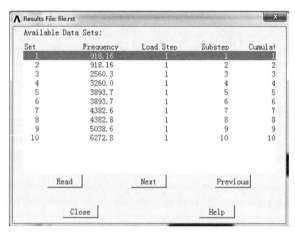

图 5.39　频率列表

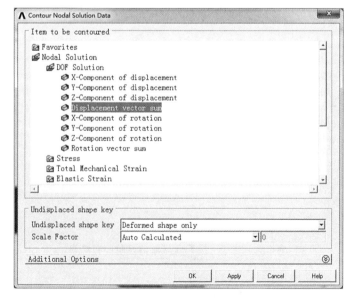

图 5.40　选择显示变量

命令流：

SET，FIRST! 读取一阶模态

PLNSOL，U，SUM，0，1! 显示一阶振型云图

SET，NEXT! 读取下一阶模态

PLNSOL，U，SUM，0，1! 显示下一阶振型云图

FINISH

齿轮 – 轴耦合系统的前 6 阶振型如图 5.41 所示。

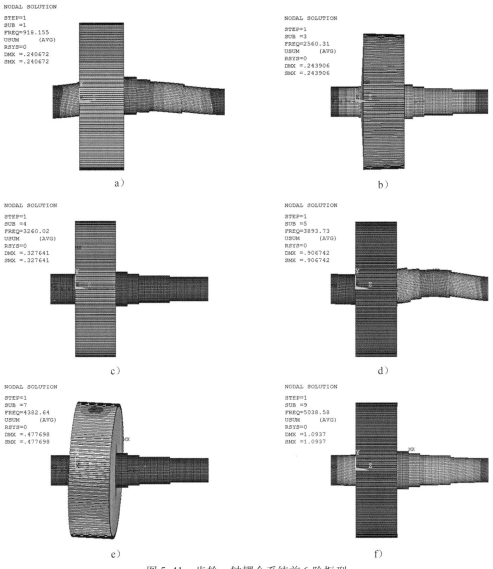

图 5.41　齿轮 – 轴耦合系统前 6 阶振型

a）第一阶振型　b）第二阶振型　c）第三阶振型　d）第四阶振型　e）第五阶振型　f）第六阶振型

　　本节对齿轮－轴结构进行了三维实体建模，并进一步对其进行了静力学和模态分析。详细介绍了采用三维 CAD 软件 Solidworks 对齿轮进行建模的操作过程；采用有限元分析软件 ANSYS 求解了在齿轮上施加集中力载荷时齿轮－轴系统的变形和应力分布情况，然后对齿轮－轴系统进行了模态分析，求解了前六阶固有频率和振型。

第 6 章 CVT 无级变速器箱体静力学、模态及谐响应分析

本章以 CVT 无级变速器箱体为例，介绍使用 ANSYS 进行实体建模，以及进行静力学、模态及谐响应分析的方法，读者需通过实践掌握 ANSYS 建模、分网、加约束、求解及后处理相关技巧。

6.1 CVT 无级变速器箱体三维实体建模

本节介绍使用 ANSYS 建立 CVT 无级变速器箱体三维模型的过程。所要建模及分析的 CVT 无级变速器箱体具体的形状如图 6.1 所示。

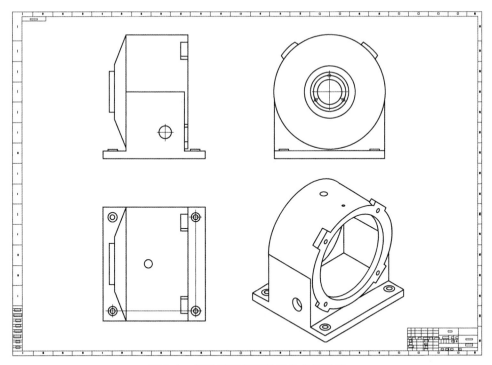

图 6.1 CVT 无级变速器箱体几何形状

具体的三维实体模型建模过程如下：

（1）设定项目名称

1）打开 ANSYS Mechanical APDL，设定项目名称和标题。在实用菜单栏

（Utility Menu）中，单击 File > Change Jobname 命令。单击 File > Change Tile 命令，相关操作如图 6.2 所示。

2）为了在后面进行菜单方式操作时的简便，需要在开始分析时就指定本实例分析范畴为 Structural。在 ANSYS 中，单击 Main Menu > Preferences 命令。选择"structural"，单击 OK 按钮，完成分析范围指定。

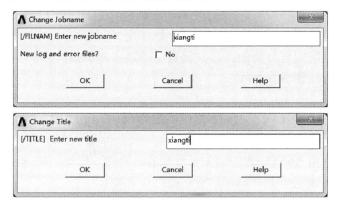

图 6.2　设定项目名称和标题

（2）创建长方体底座

1）在 ANSYS 中，单击 Main Menu > Preprocessor > Modeling > Create > Volumes > Block > By Dimensions 命令，弹出如图 6.3 所示的 Create Block by Dimensions 对话框，按照已知要求填入参数，单击 OK 按钮。

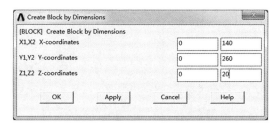

图 6.3　创建长方体底座

2）在 ANSYS 中，单击 Main Menu > Preprocessor > Modeling > Create > Volumes > Cylinder > Solid Cylinder 命令，弹出如图 6.4 所示的 Solid Cylinder 对话框，按照已知要求填入第一个圆柱体的参数，单击 Apply 按钮，再填入第二个圆柱体的参数，单击 OK 按钮。

3）运用布尔操作，创建安装孔。在 ANSYS 中，单击 Main Menu > Preprocessor > Modeling > Operate > Booleans > Subtract > Volumes 命令，将弹出 Subtract Volumes 对话框，先点选长方体，单击 OK 按钮，再点选两个圆柱体，单击 OK 按钮。

4）偏移工作平面。在实用菜单栏（Utility Menu）中，单击 WorkPlane > Offset

Wp by Increments 命令，将弹出如图 6.5 所示的 Offset WP 对话框，按照已知要求在 X，Y，Z Offsets 文本框中输入偏移参数 "0，52，20"，单击 OK 按钮。

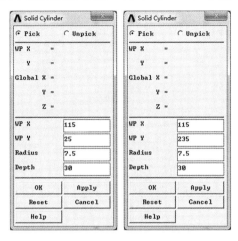

图 6.4　创建底座的圆柱体

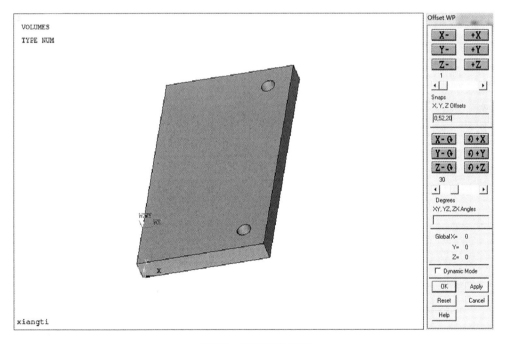

图 6.5　偏移工作平面

5）创建内底座。在 ANSYS 中，单击 Main Menu > Preprocessor > Modeling > Create > Volumes > Block > By Dimensions 命令，将弹出如图 6.6 所示的 Create Block by Dimensions 对话框，按照已知要求填入参数，单击 OK 按钮。

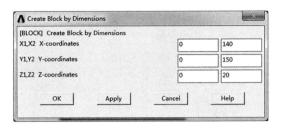

图 6.6　创建内底座

（3）创建支撑体

1）偏移工作平面。在实用菜单栏（Utility Menu）中，单击 WorkPlane > Offset Wp by Increments 命令，弹出如图 6.7 所示的 Offset WP 对话框，按照已知要求在 X，Y，Z Offsets 文本框中输入偏移参数"0，0，20"，单击 OK 按钮。

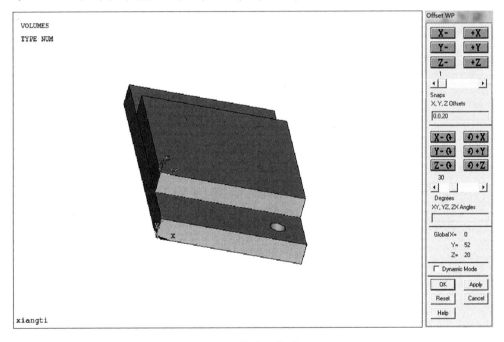

图 6.7　偏移工作平面

2）创建支撑板。在 ANSYS 中，单击 Main Menu > Preprocessor > Modeling > Create > Volumes > Block > By Dimensions 命令，弹出如图 6.8 所示的 Create Block by Dimensions 对话框，按照已知要求填入第一个长方体的参数，单击 Apply 按钮，再填入第二个长方体的参数，单击 OK 按钮。

3）运用布尔操作，创建凹槽。在 ANSYS 中，单击 Main Menu > Preprocessor > Modeling > Operate > Booleans > Subtract > Volumes 命令，弹出 Subtract Volumes 对话框，先点选大的长方体，单击 OK 按钮，再点选小的长方体，单击 OK 按钮。

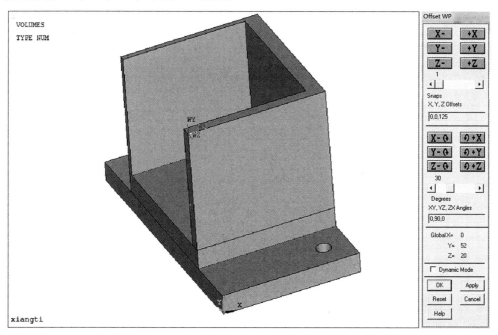

图 6.8　创建支承板

4）偏移工作平面。在 ANSYS 中，单击 Utility Menu > WorkPlane > Offset Wp by Increments 命令，弹出如图 6.9 所示的 Offset WP 对话框，按照已知要求在 X，Y，Z Offsets 文本框中输入偏移参数"0，0，125"，在 XY，YZ，ZX Angles 文本框中输入旋转参数"0，90，0"，单击 OK 按钮。

图 6.9　偏移工作平面

5）创建四分之一圆柱体。在 ANSYS 中，单击 Main Menu > Preprocessor >

Modeling > Create > Volumes > Cylinder > By Dimensions 命令，弹出如图 6.10 所示的 Create Cylinder by Dimensions 对话框，按照已知要求填入参数，单击 OK 按钮。

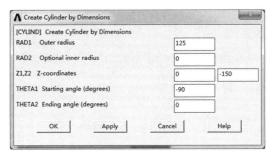

图 6.10　创建圆柱体

6）运用布尔操作，创建圆通孔。在 ANSYS 中，单击 Main Menu > Preprocessor > Modeling > Operate > Booleans > Subtract > Volumes 命令，弹出 Subtract Volumes 对话框，先点选支承板，单击 OK 按钮，再点选四分之一圆柱体，单击 OK 按钮。创建的支撑体如图 6.11 所示。

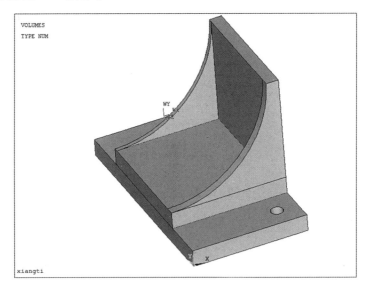

图 6.11　创建支撑体

（4）创建圆柱箱体

1）创建空心圆柱体。在 ANSYS 中，单击 Main Menu > Preprocessor > Modeling > Create > Volumes > Cylinder > By Dimensions 命令，弹出如图 6.12 所示的 Create Cylinder by Dimensions 对话框，按照已知要求先填入二分之一圆柱体的参数，单击 Apply 按钮，再输入四分之一圆柱体的参数，单击 OK 按钮。

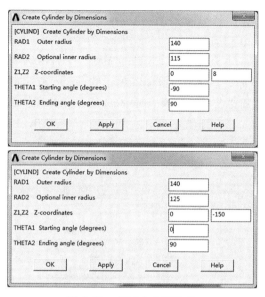

图 6.12　创建空心圆柱体

2) 偏移工作平面。在实用菜单栏（Utility Menu）中，单击 WorkPlane > Offset Wp by Increments 命令，弹出如图 6.13 所示的 Offset WP 对话框，按照已知要求在 X，Y，Z Offsets 文本框中输入偏移参数"0，0，－150"，在 XY，YZ，ZX Angles 文本框中输入旋转参数"0，0，－90"，单击 OK 按钮。

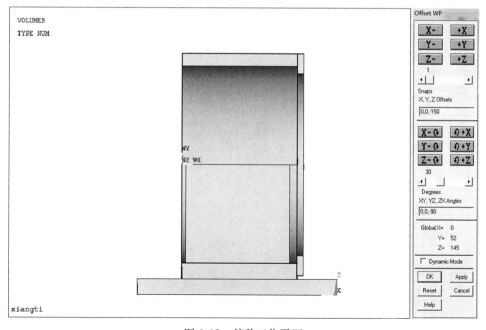

图 6.13　偏移工作平面

3）激活坐标系与工作平面一致。在实用菜单栏（Utility Menu）中，单击 WorkPlane > Change Active CS to > Working Plane 命令。

4）创建关键点。在 ANSYS 中，单击 Main Menu > Preprocessor > Modeling > Create > Keypoints > In Active CS 命令，弹出如图 6.14 所示的 Create Keypoints in Active Coordinate System 对话框，按照已知要求在 NPT Keypoints number 文本框中输入关键点序号"100"，在 X，Y，Z Location in active CS 文本框中输入关键点坐标"0，140，0"，单击 Apply 按钮，继续按序号输入剩余关键点，关键点坐标见表 6.1，输入完 107 号关键点后，单击 OK 按钮。

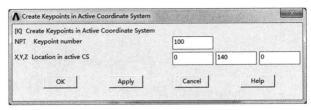

图 6.14　创建关键点

表 6.1　关键点坐标

关键点序号	X	Y	Z	关键点序号	X	Y	Z
100	0	140	0	104	−42	31	0
101	−29	65	0	105	−18	31	0
102	−29	50	0	106	−18	65	0
103	−42	50	0	107	5	125	0

5）创建凸台截面。在 ANSYS 中，单击 Main Menu > Preprocessor > Modeling > Create > Areas > Arbitrary > Through KPs 命令，弹出 Create Areas thru KPs 对话框，依次点选关键点 100 至关键点 107，单击 OK 按钮，创建的凸台截面如图 6.15 所示。

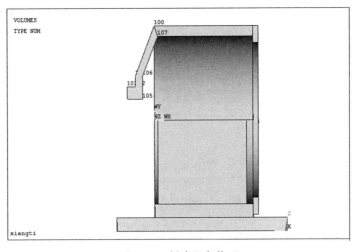

图 6.15　创建凸台截面

6) 创建关键点。在 ANSYS 中，单击 Main Menu > Preprocessor > Modeling > Create > Keypoints > In Active CS 命令，弹出 Create Keypoints in Active Coordinate System 对话框，按照已知要求在 NPT Keypoints number 文本框中输入关键点序号 "110"，在 X，Y，Z Location in active CS 文本框中输入关键点坐标 "0，0，0"，单击 Apply 按钮，继续填入 111 关键点坐标 "10，0，0"，单击 OK 按钮。

7) 创建凸台。在 ANSYS 中，单击 Main Menu > Preprocessor > Modeling > Operate > Extrude > Areas > About Axis 命令，弹出 Sweep Areas about Axis 对话框，先点取凸台截面，单击 OK 按钮，再依次单击 110 和 111 关键点，单击 OK 按钮，在 ARC Arc length in degrees 文本框中输入 "–180"，单击 OK 按钮。

8) 运用布尔操作，进行搭接体操作。在 ANSYS 中，单击 Main Menu > Preprocessor > Modeling > Operate > Booleans > Overlap > Volumes 命令，弹出 Overlap Volumes 对话框，单击 Pick All 按钮。

(5) 创建 CVT 无级变速器箱体

1) 将二分之一箱体进行镜像操作。在 ANSYS 中，单击 Main Menu > Preprocessor > Modeling > Reflect 命令，弹出 Reflect Volumes 对话框，单击 Pick All 按钮，在 Ncomp Plane of Symmetry 下拉列表框中选择 "X-Y Plane Z"，单击 OK 按钮，生成的箱体如图 6.16 所示。

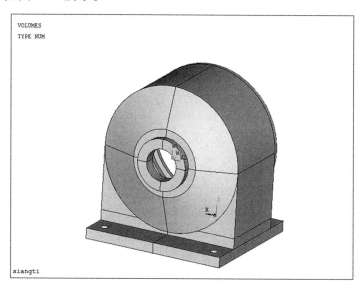

图 6.16　镜像二分之一箱体

2) 运用布尔操作，进行粘接体操作。在 ANSYS 中，单击 Main Menu > Preprocessor > Modeling > Operate > Booleans > Glue > Volumes 命令，弹出 Glue Volumes 对话框，单击 Pick All 按钮。

APDL 语言程序（命令流）

```
/VERIFY, xiangti
/TITLE, xiangti
/PREP7
BLOCK, 0, 140, 0, 260, 0, 20,
CYL4, 115, 25, 7.5,,,, 30
CYL4, 115, 235, 7.5,,,, 30
/USER, 1
FLST, 3, 2, 6, ORDE, 2
FITEM, 3, 2
FITEM, 3, -3
VSBV, 1, P51X
wpoff, 0, 52, 20
BLOCK, 0, 140, 0, 150, 0, 20,
wpoff, 0, 0, 20
BLOCK, 0, 140, 0, 150, 0, 125,
BLOCK, 0, 125, 10, 145, 0, 125,
/FOC, 1,, 0.3,, 1
/REP, FAST
VSBV, 2, 3
/REPLO
wpoff, 0, 0, 125
wprot, 0, 90, 0
CYLIND, 125, 0, 0, -150, -90, 0,
VSBV, 5, 2
CYLIND, 140, 115, 0, 8, -90, 90,
CYLIND, 140, 125, 0, -150, 0, 90,
wpoff, 0, 0, -150
wprot, 0, 0, -90
CSYS, 4
/REPLO
K, 100, 0, 140, 0,
K, 101, -29, 65, 0,
K, 102, -29, 50, 0,
K, 103, -42, 50, 0,
K, 104, -42, 31, 0,
K, 105, -18, 31, 0,
K, 106, -18, 65, 0,
K, 107, 5, 125, 0,
```

```
FLST, 2, 8, 3
FITEM, 2, 100
FITEM, 2, 101
FITEM, 2, 102
FITEM, 2, 103
FITEM, 2, 104
FITEM, 2, 105
FITEM, 2, 106
FITEM, 2, 107
A, P51X
K, 110, 0, 0, 0,
K, 111, 10, 0, 0,
FLST, 2, 1, 5, ORDE, 1
FITEM, 2, 39
FLST, 8, 2, 3
FITEM, 8, 110
FITEM, 8, 111
VROTAT, P51X,,,,,, P51X,, -180,,
/REPLO
FLST, 2, 7, 6, ORDE, 2
FITEM, 2, 1
FITEM, 2, -7
VOVLAP, P51X
FLST, 3, 10, 6, ORDE, 2
FITEM, 3, 8
FITEM, 3, -17
VSYMM, Z, P51X,,,, 0, 0
FLST, 2, 20, 6, ORDE, 2
FITEM, 2, 1
FITEM, 2, -20
VGLUE, P51X
```

6.2　CVT 无级变速器箱体静力学分析

　　以下使用 ANSYS 对 CVT 无级变速器箱体结构进行静力学分析，求解在凸台通孔上受面载荷作用时，CVT 无级变速器箱体的变形及应力分布。

（1）定义单元类型

　　在 ANSYS 中，单击 Main Menu > Preprocessor > Element Type > Add/Edit/Delete

命令，弹出 Element Types 对话框，单击 Add 按钮，弹出如图 6.17 所示的 Library of Element Types 对话框，在左侧列表框中选择 "Structural Solid"，并在右侧列表框中选择 "Brick 8 node 185"，单击 OK 按钮；接着单击 Close 按钮。

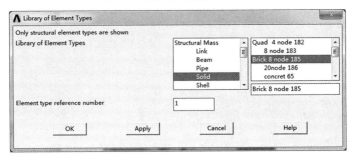

图 6.17　定义单元类型

（2）定义材料参数

在 ANSYS 中，单击 Main Menu > Preprocessor > Material Props > Material Models 命令，弹出如图 6.18 所示的 Define Material Model Behavior 对话框，在右侧列表框中，依次选取 Structural > Linea > Elastic > Isotropic，弹出如图 6.19 所示的对话框，在 EX（弹性模量）文本框中输入 "19e10"，在 PRXY（泊松比）文本框中输入 "0.3"，单击 OK 按钮；在右侧列表框中，依次选取 Structural > Density，弹出如图 6.20 所示的对话框，在 DENS（密度）文本框中输入 "8000"，单击 OK 按钮。关闭所有对话框。

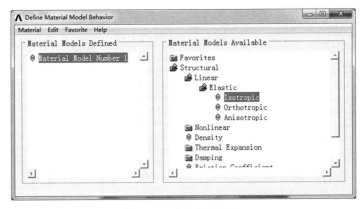

图 6.18　定义材料属性

（3）划分网格

网格划分是进行有限元分析和计算的前提，网格划分的质量对有限元计算的精度和计算效率都有着最为直接的影响。网格划分的方法主要有自由分网、映射分网、扫掠分网等。这里为了方便，对 CVT 无级变速器箱体网格的划分采用自由分网。

在 ANSYS 中，单击 Main Menu > Preprocessor > Meshing > Mesh Tool 命令，弹出如图 6.21 所示的 MeshTool 对话框，划分网格的操作均在此对话框下进行。

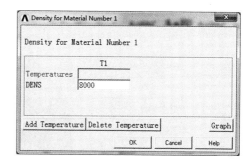

图 6.19   定义弹性模量和泊松比   图 6.20   定义密度

选中 Smart Size 单选按钮，选择其下方的滚动条的值为 "6"（智能尺寸的级别，值越小划分的网格越密）；在 Size Control 选项组中可以进行相关单元尺寸的控制，在 Mesh 区域，可以选择单元形状以及划分单元的方法，这里选择 "Tet"，划分方法为 "Free"；单击 Mesh 按钮，弹出拾取窗口，如图 6.22 所示，单击 Pick All 按钮，如果网格划分过程中出现任何信息，单击 Close 按钮或 Yes 按钮。图 6.23 所示为网格划分结果。

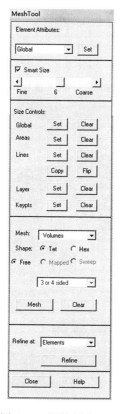

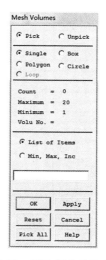

图 6.21   网格划分工具   图 6.22   网格划分拾取窗口

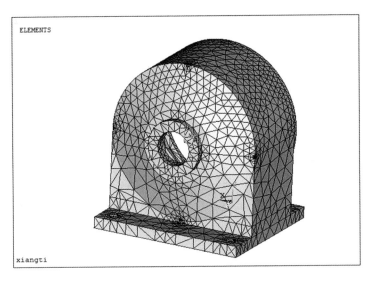

图 6.23　CVT 无级变速器箱体网格划分结果

（4）施加约束

1）约束安装孔。在 ANSYS 中，单击 Main Menu > Solution > Define Loads > Apply > Structural > Displacement > Symmetry B. C. > On Areas 命令，弹出如图 6.24 所示的 Apply SYMM on Areas 对话框。依次点取 4 个安装孔，每个安装孔有 2 个柱面（在拾取时，按住鼠标的左键便有实体增量显示，拖动鼠标时显示的实体随之改变，此时松开左键即可选中此实体），如图 6.25 所示。单击 OK 按钮，对安装孔的约束完成。

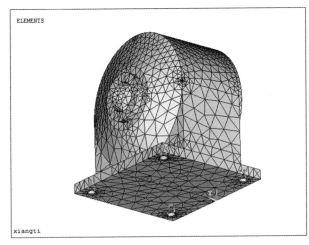

图 6.24　孔约束拾取对话框　　　　　　图 6.25　拾取安装孔的柱面

2）约束箱体底面。在 ANSYS 中，单击 Main Menu > Solution > Define Loads > Apply > Structural > Displacement > On Areas 命令，弹出 Apply U, ROT on Areas 对话

框，拾取箱体底面（图 6.26），单击 OK 按钮，弹出如图 6.27 所示的对话框，在 Lab 2 DOFs to be constrained 列表框中选取 "All DOF"，单击 OK 按钮。

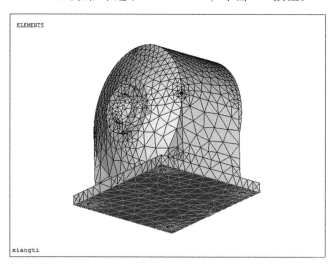

图 6.26　拾取箱体底面

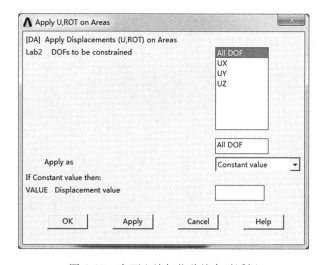

图 6.27　在面上施加位移约束对话框

（5）施加载荷

在 ANSYS 中，单击 Main Menu > Solution > Define Loads > Apply > Structural > Pressure > On Areas 命令，弹出 Apply PRES on Areas 对话框，拾取凸台通孔（图 6.28），单击 OK 按钮，弹出如图 6.29 所示的对话框，在 VALUE Load PRES value 文本框中输入 "5"，单击 OK 按钮。

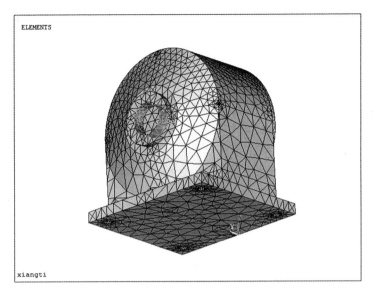

图 6.28　拾取面施加载荷

图 6.29　施加载荷对话框

（6）求解

在 ANSYS 中，单击 Main Menu > Solution > Solve > Current LS 命令，弹出 Solve
Current Load Step 对话框，单击 OK 按钮，如果求解过程中出现任何信息，单击 Yes
按钮，出现 Solution is done! 提示时，求解结束。

（7）结果处理

1）查看变形及未变形边界。在 ANSYS 中，单击 Main Menu > General Postproc > Plot Results > Deformed Shape 命令，弹出如图 6.30 所示 Plot Deformed Shape 对话框，在 KUND Items to be plotted 中单击"Def + undef edge"（变形 + 未变形的模型边界）单选按钮，单击 OK 按钮。结构变形结果如图 6.31 所示。

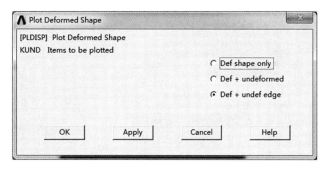

图 6.30　显示变形形状对话框

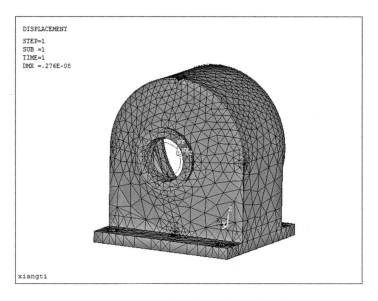

图 6.31　CVT 无级变速器箱体的变形

2）查看应力。在 ANSYS 中，单击 Main Menu > General Postproc > Plot Results > Contour Plot > Nodal Solu 命令，弹出如图 6.32 所示 Contour Nodal Solution Data 对话框，在列表框中，依次选取 Nodal Solution > Stress > von Mises stress（von Mises stress 为第四强度理论的当量应力），单击 OK 按钮，结果如图 6.33 所示。可以看出，应力最大值在施加力载荷的凸台通孔位置，最大值为 12.0104Pa。

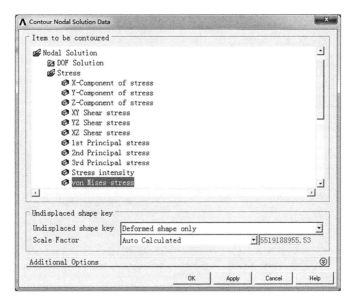

图 6.32　应力显示对话框

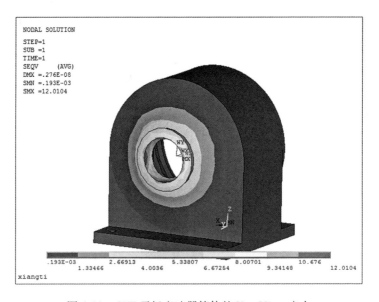

图 6.33　CVT 无级变速器箱体的 Von Mises 应力

APDL 语言程序（命令流）

/PREP7

ET, 1, SOLID185

MPTEMP, , , , , , , ,

MPTEMP, 1, 0

```
MPDATA, EX, 1,, 19e10
MPDATA, PRXY, 1,, 0.3
MPTEMP,,,,,,,,
MPTEMP, 1, 0
MPDATA, DENS, 1,, 8000
SMRT, 6
MSHAPE, 1, 3D
MSHKEY, 0
FLST, 5, 20, 6, ORDE, 4
FITEM, 5, 1
FITEM, 5, -7
FITEM, 5, 21
FITEM, 5, -33
CM, _Y, VOLU
VSEL,,,, P51X
CM, _Y1, VOLU
CHKMSH, 'VOLU'
CMSEL, S, _Y
VMESH, _Y1
CMDELE, _Y
CMDELE, _Y1
CMDELE, _Y2
/FOC, 1, -0.3,,, 1
/REP, FAST
/ZOOM, 1, RECT, 1.0808, -0.444595, 0.26708610817, 0.266756744643
/DIST, 1, 1.37174211248, 1
/REP, FAST
/DIST, 1, 1.37174211248, 1
/REP, FAST
/DIST, 1, 1.37174211248, 1
/REP, FAST
/DIST, 1, 1.37174211248, 1
/REP, FAST
FINISH
/SOL
FLST, 2, 8, 5, ORDE, 6
FITEM, 2, 15
FITEM, 2, -18
FITEM, 2, 124
```

```
FITEM, 2, -125
FITEM, 2, 128
FITEM, 2, -129
DA, P51X, SYMM
FLST, 2, 2, 5, ORDE, 2
FITEM, 2, 20
FITEM, 2, 188
/GO
DA, P51X, ALL,
FLST, 2, 4, 5, ORDE, 4
FITEM, 2, 44
FITEM, 2, 53
FITEM, 2, 166
FITEM, 2, 175
/GO
FLST, 2, 4, 5, ORDE, 4
FITEM, 2, 44
FITEM, 2, 53
FITEM, 2, 166
FITEM, 2, 175
/GO
SFA, P51X, 1, PRES, 5
/STATUS, SOLU
SOLVE
FINISH
/POST1
PLDISP, 2
/EFACET, 1
PLNSOL, S, EQV, 0, 1.0
```

6.3　CVT 无级变速器箱体模态分析

在完成 CVT 无级变速器箱体的静力学分析基础上，对其进行模态分析，其具体步骤如下。

（1）指定分析类型

在 ANSYS 中，单击 Main Menu > Solution > Analysis Type > New Analysis 命令，弹出如图 6.34 所示的 New Analysis 对话框，在［ANTYPE］Type of analysis 中单击 Modal 单选按钮，单击 OK 按钮。

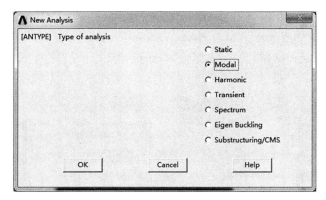

图 6.34　指定分析类型对话框

（2）指定分析选项

在 ANSYS 中，单击 Main Menu > Solution > Analysis Type > Analysis Options 命令，弹出如图 6.35 所示的 Modal Analysis 对话框，在 No. of modes to extract 文本框中输入 "50"（表示分析前 50 阶固有频率）；随后弹出 Block Lanczos Method 对话框，单击 OK 按钮。

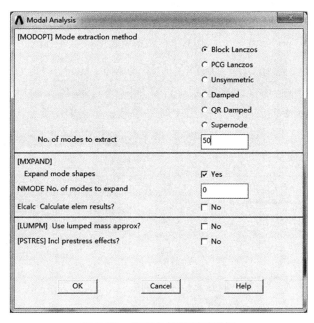

图 6.35　模态分析选项对话框

（3）求解

在 ANSYS 中，单击 Main Menu > Solution > Solve > Current LS 命令，单击 Solve Current Load Step 对话框的 OK 按钮。出现 Solution is done! 提示时，求解结束。

（4）后处理

1）列表查看固有频率。单击 Main Menu > General Postproc > Results Summary 命令，弹出如图 6.36 所示的 SET，LIST Command 窗口，列表框中显示了整体结构的各阶频率。

SET,LIST Command

File

***** INDEX OF DATA SETS ON RESULTS FILE *****

SET	TIME/FREQ	LOAD STEP	SUBSTEP	CUMULATIVE
1	1.0033	1	1	1
2	1.0327	1	2	2
3	2.0500	1	3	3
4	2.2540	1	4	4
5	3.3705	1	5	5
6	3.4020	1	6	6
7	4.0844	1	7	7
8	4.2875	1	8	8
9	4.6594	1	9	9
10	4.6842	1	10	10
11	4.8659	1	11	11
12	5.0100	1	12	12
13	5.6154	1	13	13
14	5.9558	1	14	14
15	6.1083	1	15	15

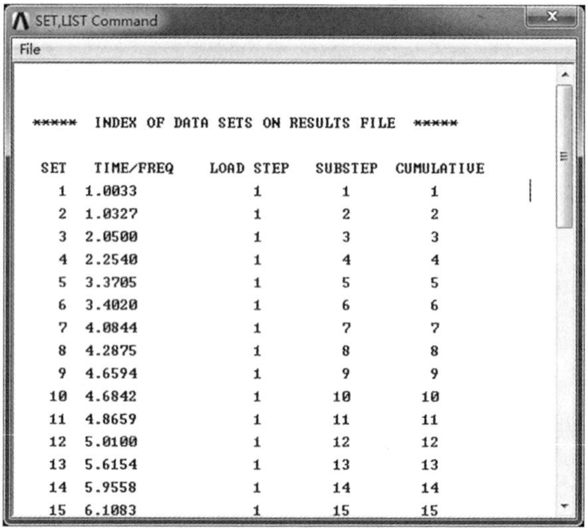

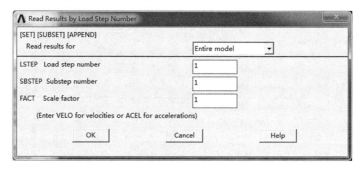

图 6.36　结果列表

2）读取子步 1 结果。在 ANSYS 中，单击 Main Menu > General Postproc > Read Results > By Load Step 命令，弹出如图 6.37 所示的 Read Results by Load Step Number 对话框，在对话框中设置子步 1 的相关命令参数，单击 OK 按钮。

图 6.37　读取子步 1 结果

3）绘制合位移向量图。在 ANSYS 中，单击 Main Menu > General Postproc > Plot Results > Vector Plot > Predefined 命令，弹出如图 6.38 所示的 Vector Plot of Predefined Vectors 对话框，在 Vector Plot of Predefined Vectors 一栏中的两列列表框中分别选择 “DOF Solution” 和 “Translation U”，单击 OK 按钮。绘制的图形如图 6.39a 所示。分别读取子步 2、3、4、5 及 6，图 6.39 所示为绘制的合位移向量图。

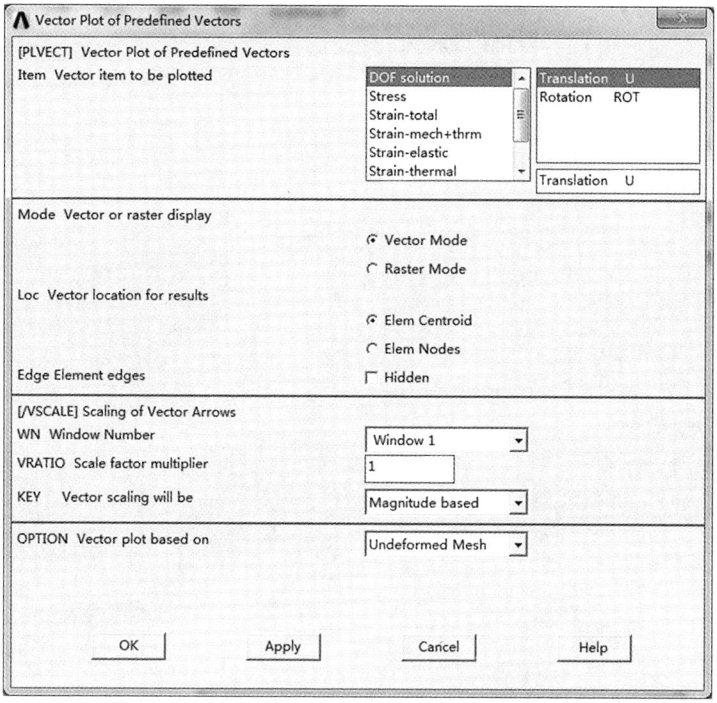

图 6.38 绘制向量图选项

APDL 语言程序（命令流）

```
/SOLU
ANTYPE, 2
MODOPT, LANB, 50
EQSLV, SPAR
MXPAND, 0,,, 0
LUMPM, 0
PSTRES, 0
MODOPT, LANB, 50, 0, 0,, OFF
/STATUS, SOLU
SOLVE
FINISH
/POST1
SET, LIST
SET, 1, 1, 1,
/VSCALE, 1, 1, 0
PLVECT, U,,,, VECT, ELEM, ON, 0
SET, 1, 2, 2,
```

```
/VSCALE, 1, 1, 0
PLVECT, U,,,, VECT, ELEM, ON, 0
SET, 1, 3, 3,
/VSCALE, 1, 1, 0
PLVECT, U,,,, VECT, ELEM, ON, 0
SET, 1, 4, 4,
/VSCALE, 1, 1, 0
PLVECT, U,,,, VECT, ELEM, ON, 0
SET, 1, 5, 5,
/VSCALE, 1, 1, 0
PLVECT, U,,,, VECT, ELEM, ON, 0
SET, 1, 6, 6,
/VSCALE, 1, 1, 0
PLVECT, U,,,, VECT, ELEM, ON, 0
```

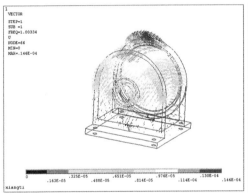

a）

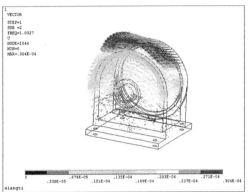

b）

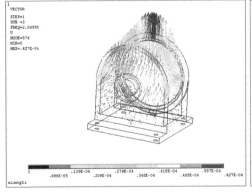

c）

d）

图 6.39　不同固有频率对应的振型模态
a）第一阶振型　b）第二阶振型　c）第三阶振型　d）第四阶振型

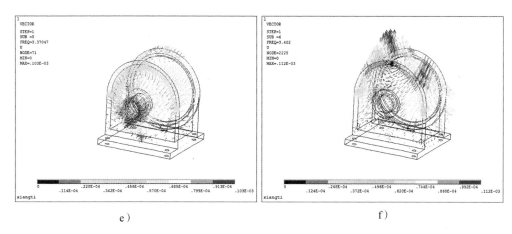

e)   f)

图 6.39   不同固有频率对应的振型模态（续）

e）第五阶振型   f）第六阶振型

6.4   CVT 无级变速器箱体谐响应分析

在完成 CVT 无级变速器箱体的静力学及模态分析的基础上，采用完全法对其进行模态分析，其具体步骤如下：

（1）指定分析类型

在 ANSYS 中，单击 Main Menu > Solution > Analysis Type > New Analysis 命令，弹出如图 6.40 所示的 New Analysis 对话框，在［ANTYPE］Type of analysis 中单击 Harmonic（谐响应）单选按钮，单击 OK 按钮。

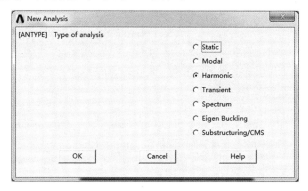

图 6.40   指定分析类型

（2）指定分析选项

在 ANSYS 中，单击 Main Menu > Solution > Analysis Type > Analysis Options 命令，弹出如图 6.41 所示的 Harmonic Analysis 对话框，在 Solution method 下拉列表框中选

择"Full", 在 DOF printout format 下拉列表框中选择"Amplitud + phase", 单击 OK 按钮; 随后弹出 Full Harmonic Analysis 对话框, 单击 OK 按钮。

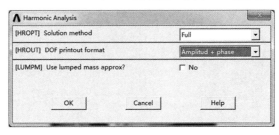

图 6.41　谐响应分析对话框

（3）设定输出控制选项

在 ANSYS 中, 单击 Main Menu > Solution > Load Step Opts > Output Ctrls > Solu printout 命令, 弹出如图 6.42 所示的 Solution Printout Controls 对话框, 在 FREQ Print frequency 中单击 Every substep 单选按钮, 单击 OK 按钮。

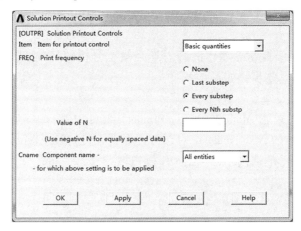

图 6.42　设定输出控制选项

（4）设置求解选项

在 ANSYS 中, 单击 Main Menu > Solution > Load Step Opts > Time/Frequenc > Freq and Substeps 命令, 弹出如图 6.43 所示的 Harmonic Frequency and Substep Options 对话框, 在 Harmonic freq range 文本框中分别输入"0"和"20", 在 Number of substeps 文本框中输入"50", 在 Stepped or ramped b. c. 中单击 Stepped（表示在频率范围内的所有子步载荷将保持恒定的幅值）单选按钮, 单击 OK 按钮。

（5）求解

在 ANSYS 中, 单击 Main Menu > Solution > Solve > Current LS 命令, 单击 Solve Current Load Step 对话框的 OK 按钮。出现 Solution is done! 提示时, 求解结束。

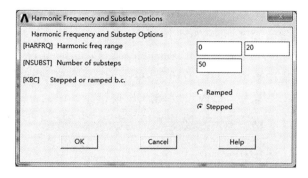

图 6.43　设置求解选项

（6）查看结果

一般的处理步骤为先进入时间 – 历程后处理器中找出相应峰值所在频率点，再进入通用后处理器中查看峰值频率点处整个模型的相应情况。

1）在时间 – 历程后处理器中查看结果

①进入时间 – 历程后处理器。在 ANSYS 中，单击 Main Menu > TimeHist Postpro 命令，进入时间 – 历程后处理器，弹出如图 6.44 所示的 Time History Variables 浏览器。在浏览器中，在实用菜单栏（Utility Menu）中，单击 File > Open Results 命令，弹出 Select Results File 对话框，从对话框中的可选文件列表框中选择结果文件"xiangti. rst"，单击对话框中的 Open 按钮，读入结果文件并关闭对话。

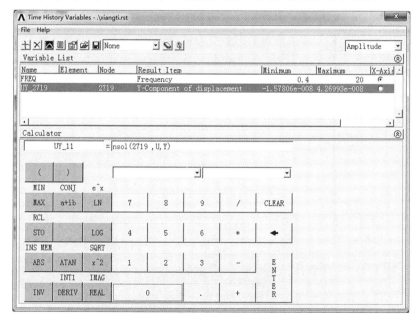

图 6.44　时间 – 历程后处理器

②选取凸台端面节点 2719 的 Y 向位移结果。单击浏览器工具栏最左边的 Add Data 按钮，弹出如图 6.45 所示的 Add Time-History Variable 窗口，在 Result Item 列表框中依次选取 Nodal Solution > DOF Solution > Y-Component of displacement，并在 Variable Name 文本框中输入"UY_2719"，单击 OK 按钮确认，弹出实体选取对话框，在其中的文字域中输入"2719"，单击 OK 按钮。

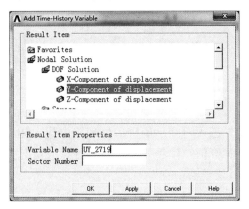

图 6.45　选取凸台端面节点 2719 的 Y 向位移结果

③绘制时间-历程曲线。在变量查看器中，选中"UY_2719"变量，单击 Graph Data 按钮，绘制得到响应曲线如图 6.46 所示。

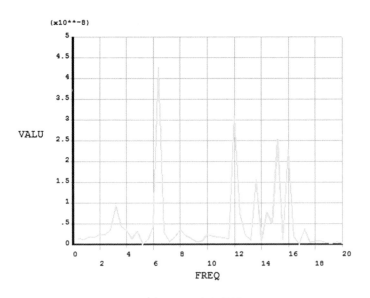

图 6.46　响应曲线

2）在通用后处理器中查看结果。分别查看四个主要峰值频率点处，CVT 无级变速器箱体的合位移等值线图。

①列表显示子步结果。在 ANSYS 中，单击 Main Menu > General Postproc > Results Summary 命令，弹出如图 6.47 所示的信息窗口，在窗口中可以查看子步求解部分数据。

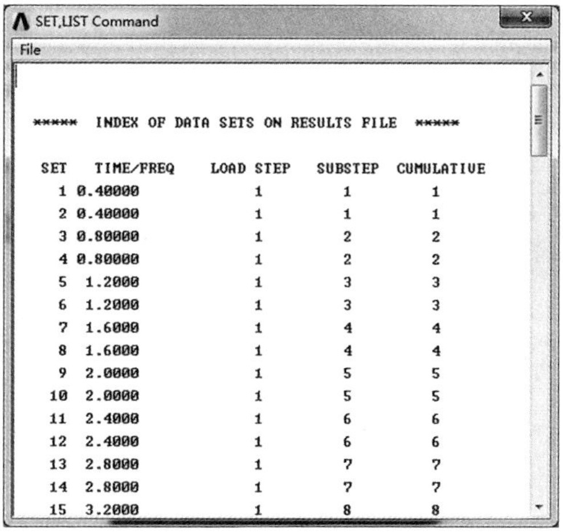

图 6.47　信息窗口

②读取子步 16 结果。在 ANSYS 中，单击 Main Menu > General Postproc > Read Results > By Load Step 命令，弹出 Read Results by Load Step Number 对话框，在对话框中设置参数为 “1、16、16”，如图 6.48 所示，单击 OK 按钮。

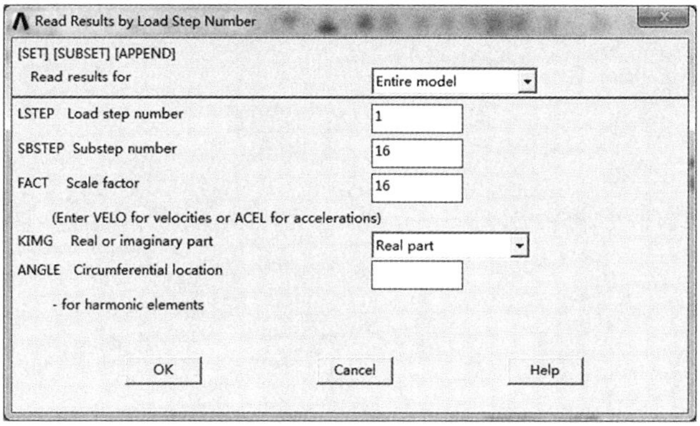

图 6.48　读取子步 16 结果

③绘制合位移等值线图。在 ANSYS 中，单击 Main Menu > General Postproc > Plot Results > Contour Plot > Nodal Solu 命令，弹出 Contour Nodal Solution Data 对话框，在对话框的 Item to be contoured 列表框中，依次选取 Nodal Solution > DOF Solution > Displacement vector sum，单击 OK 按钮，绘制合位移等值线图，如图 6.49a 所示。

④读取其他结果并绘图（参考前面步骤）。分别读取子步 16、30、38 及 40，

图 6.49 所示为使用命令中的参数绘制的合位移等值线图。

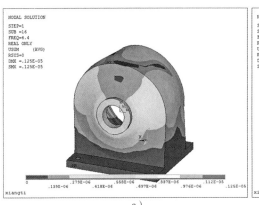 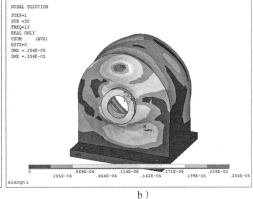

a)　　　　　　　　　　　　　　　　b)

c)　　　　　　　　　　　　　　　　d)

图 6.49　合位移等值线图
a) 6.4HZ　b) 12HZ　c) 15.2HZ　d) 16HZ

APDL 语言程序（命令流）

```
/SOLU
ANTYPE, 3
HROPT, FULL
HROUT, OFF
LUMPM, 0
EQSLV, , 0,
PSTRES, 0
OUTPR, BASIC, ALL,
HARFRQ, 0, 20,
NSUBST, 50,
KBC, 1
/STATUS, SOLU
```

```
SOLVE
FINISH
/POST26
FILE, 'xiangti', 'rst', '.'
/UI, COLL, 1
NUMVAR, 200
SOLU, 191, NCMIT
STORE, MERGE
PLCPLX, 0
PRCPLX, 1
FILLDATA, 191,,,, 1, 1
REALVAR, 191, 191
/UI, COLL, 0
RESET
FINISH
/POST1
RESET
FINISH
/POST26
FILE, 'xiangti', 'rst', '.'
/UI, COLL, 1
NUMVAR, 200
SOLU, 191, NCMIT
STORE, MERGE
PLCPLX, 0
PRCPLX, 1
NSOL, 2, 2719, U, Y, UY_2719,
STORE, MERGE
XVAR, 1
PLVAR, 2,
FINISH
/POST1
SET, LIST
SET, 1, 1, 1, 0,,,
/EFACET, 1
PLNSOL, U, SUM, 0, 1.0
SET, 1, 16, 16, 0,,,
/EFACET, 1
PLNSOL, U, SUM, 0, 1.0
```

```
SET, 1, 30, 30, 0,,,
/EFACET, 1
PLNSOL, U, SUM, 0, 1.0
SET, 1, 38, 38, 0,,,
/EFACET, 1
PLNSOL, U, SUM, 0, 1.0
SET, 1, 40, 40, 0,,,
/EFACET, 1
PLNSOL, U, SUM, 0, 1.0
```

第 7 章 轴类零件静力学分析与模态分析

转子系统是旋转机械中非常重要的组成部分，转子系统的静变形、模态及受到激励后的响应都是影响旋转机械结构及动态性能的重要因素，因此，本章以某电主轴单元为例，分别用梁单元和实体单元模拟典型旋转轴系进行静力学、模态及谐响应分析。电主轴单元的具体结构尺寸如图 7.1 所示。

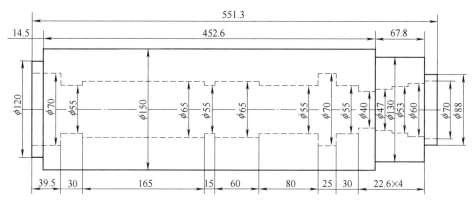

图 7.1　主轴结构图

7.1　梁单元主轴建模

主轴系统的运动及变形主要以径向弯曲为主，一些复杂工况也需要考虑扭转变形，但是轴向平动与转动变形是很小的，通常予以忽略。而 ANSYS 软件中高阶梁单元每个节点具有 6 个自由度，可以充分考虑转子系统在运行过程中各种运行状态及变形，因此，在工程分析领域常用于模拟转子系统。

7.1.1　定义单元类型

在 ANSYS 中，单击 Main Menu > Preprocessor > Element Type > Add/Edit/Delete 命令，单击 Add 按钮，在左侧列表框中选择 "Beam"，并在右侧列表框选择 "2 node 188"，Element type reference number（单元类型引用号）文本框输入 "1"，单击 Apply 按钮，如图 7.2 所示。如需继续定义单元，则继续选择，如定义结束，单击 Close 按钮，那么单元类型对话框中显示已经定义的 1 个单元类型，如图 7.3 所示。

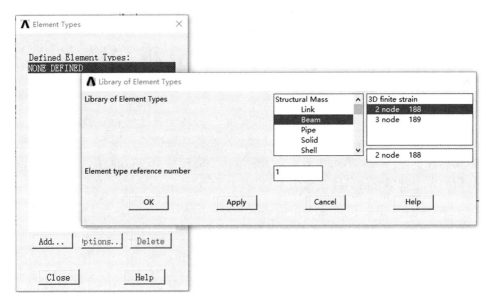

图 7.2　定义单元类型对话框及 Beam 单元选择

图 7.3　完成单元定义后的单元列表

7.1.2　定义材料参数

结构的材料参数包括密度、弹性模量和泊松比，在定义模拟结构所用的单元之后，则需要定义材料参数，这是计算结构质量和刚度的必要参数。

在 ANSYS 中，单击 Main Menu > Preprocessor > Material Props > Material Models，在弹出对话框的右侧列表框中依次选取 Structural > Linear > Elastic > Isotropic，在 EX（弹性模量）文本框中输入 "2.06e11"，在 PRXY（泊松比）文本框中输入 "0.3"，单击 OK 按钮，如图 7.4 所示；在右侧列表框中再依次选取 Structural >

Density，在 DENS（密度）文本框中输入"7850"，单击 OK 按钮。关闭所有对话框，如图 7.5 所示。

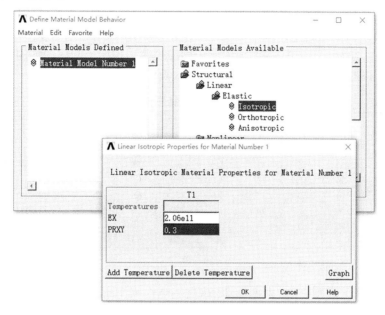

图 7.4　材料弹性模量与泊松比

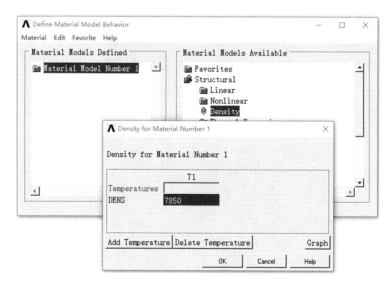

图 7.5　材料密度

7.1.3　建模及划分网格

对于轴类零件、转子系统及结构不复杂的零件，可以直接在 ANSYS 中建立模型并划分网格；如果零件结构复杂或者是多零件的组合部件，可以先在 Solidworks 等三维制图软件中绘制三维结构，再保存成相应的格式（如 . x_t）导入 ANSYS 中进行网格划分。针对本章选用的电主轴示例，可以直接在 ANSYS 中建模，建模之前先将主轴结构按照所需的网格进行分割，根据外径和内径的不同及网格尺寸分割轴段长度，在选定的坐标方向（以 x 为轴向，y 和 z 分别为径向）按照分割后的结构尺寸进行有限元建模，获得具有网格的有限元模型。划分网格后结构尺寸见表 7.1。

表 7.1　　电主轴尺寸　　　　　　　　　　　　　　（单位：mm）

轴段	长度	外径	内径	轴段	长度	外径	内径	轴段	长度	外径	内径
1	14.5	120	70	9	30	150	65	17	25	150	70
2	25	150	70	10	30	150	65	18	15	150	55
3	15	150	55	11	15	150	55	19	15	150	55
4	15	150	55	12	30	150	65	20	22.6	150	40
5	25	150	65	13	30	150	65	21	22.6	130	47
6	30	150	65	14	30	150	55	22	22.6	130	53
7	25	150	65	15	25	150	55	23	22.6	130	60
8	25	150	65	16	25	150	55	24	16.4	88	70

（1）创建节点

按轴段长度依次创建节点。在 ANSYS 中，单击 Main Menu > Preprocessor > Modeling > Create > Nodes > In Active CS 命令，在弹出的对话框中依次输入轴段端点的节点编号与坐标位置，其中，x 方向为轴向，表示轴段长度，y 方向和 z 方向分别为径向，表示轴端面形状，在下一步进行设置，每个节点参数输入完成后，单击 Apply 按钮，继续输入下一个节点的编号与坐标，最后节点参数输入完成后，单击 OK 按钮，设置过程如图 7.6 所示。本例共 24 个轴段，节点 25 个，设置完成后如图 7.7 所示。

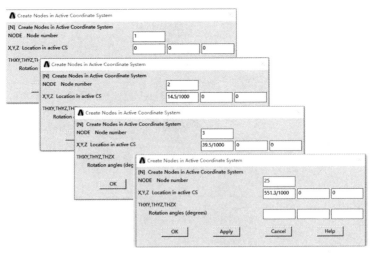

图 7.6　根据轴段长度创建节点

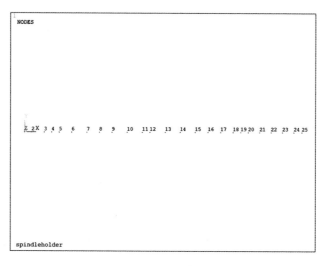

图 7.7　节点创建完成

（2）设置截面形状

节点创建完成之后，需要设置主轴各段横截面参数，这样才能形成具有完整形状的模型。在 ANSYS 中，单击 Main Menu > Preprocessor > Sections > Beam > Common Sections 命令，在弹出的对话框中，ID 为节点编号；Sub-Type 为截面类型；Ri 为圆环截面内径；Ro 为圆环截面外径；N 为周向分割份数。表 7.2 中分别以节点 1、2、3 和 24 为例，列出主轴截面参数。每个截面参数输入完成后，单击 Apply 按钮，最后截面参数输入完成后，单击 OK 按钮，如图 7.8 所示。

表 7.2　主轴截面参数示例

ID	1	2	3	24
Sub-Type	⭕	⭕	⭕	⭕
Ri/m	0.035	0.035	0.0275	0.035
Ro/m	0.06	0.075	0.075	0.044
N	32	32	32	32

（3）创建单元及设置单元属性

在截面形状设置完成之后，需要将轴向节点连接形成单元，并将每个截面属性（单元属性）赋予对应的单元。

在 ANSYS 中，单击 Main Menu > Preprocessor > Modeling > Create > Elements > Elem Attributes 命令，在弹出的对话框中，选择"Beam188"单元作为单元类型，并选择 1 号截面（2 号截面、24 号截面），单击 OK 按钮。

在 ANSYS 中，单击 Main Menu > Preprocessor > Modeling > Create > Elements > Auto Numbered > Thru Nodes 命令，在对话框弹出后，拾取节点 1 和节点 2（节点 2

和节点 3、节点 24 和节点 25），单击 OK 按钮，如图 7.9 ~ 图 7.11 所示。完成所有的单元创建及截面属性赋予之后，即形成了完整的有限元模型，此时的有限元模型没有显示单元，隐藏了截面形状，呈现轴向的一条直线，如图 7.12 所示。

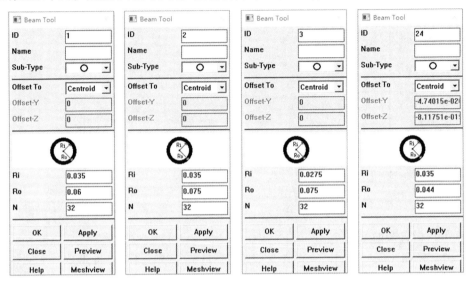

图 7.8　创建截面示意图（截面 1、2、3 和 24）

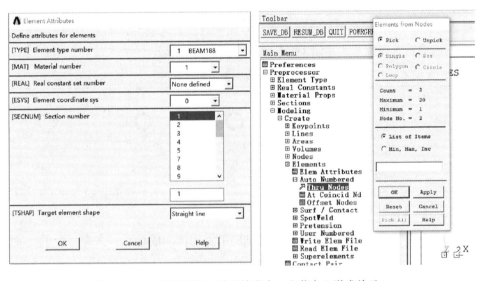

图 7.9　选择截面属性 1 并连接节点 1 和节点 2 形成单元 1

　　如要显示完整的结构形状，在实用菜单栏（Utility Menu）中，单击 PlotCtrls > Style > Size and Shape > Display of element 命令，勾选 off 前面的小空格，将 off 转变为 on；再在实用菜单栏（Utility Menu）中，单击 Plot > Elements 命令，模型完整显

示单元形式。如需转换视图角度，可选择界面右侧视图按钮，完整单元形式的模型如图 7.13 所示。

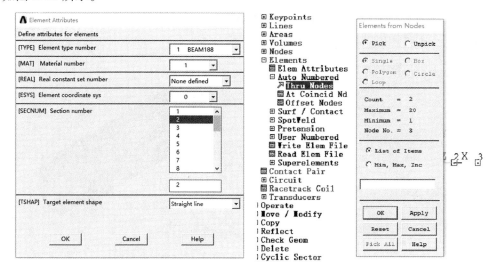

图 7.10　选择截面属性 2 并连接节点 2 和节点 3 形成单元 2

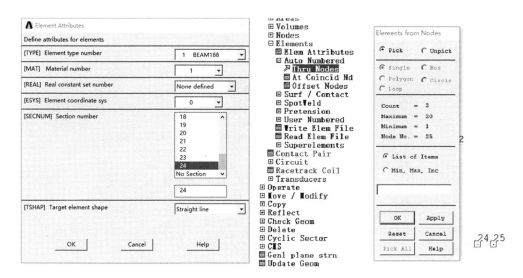

图 7.11　选择截面属性 24 并连接节点 24 和节点 25 形成单元 24

7.1.4　建立轴承支承

对于轴类旋转零件，要正常工作运行离不开轴承的支承，在有限元分析过程中通常以弹簧单元来模拟轴承支承，添加弹簧刚度来表示轴承支承刚度，模拟单元可以选择 Combin14 单元、Combin214 单元、Matrix27 单元和 MPC184 单元。其中，

Combin14 单元是一维的拉伸或者压缩单元，Combin214 单元是二维轴承模拟单元，Matrix27 单元是 6 自由度单元，并用矩阵形式模拟轴承，MPC184 单元既可以表示连接也可以表示约束。表 7.3 中列出了模拟轴承单元的特点及命令流。表 7.4 列出了本章电主轴结构中轴承的相关参数。

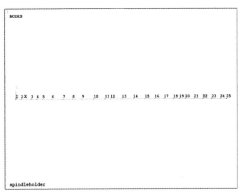

图 7.12　显示节点的有限元模型

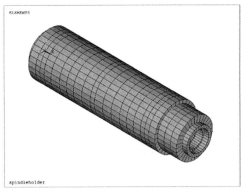

图 7.13　显示截面形状的有限元模型

表 7.3　模拟轴承的单元

单元	描述	定义单元命令流
Combin14	一维弹簧/阻尼	Kx = 1e8 Cx = 100 Et, 2, combin14 Keyopt, 2, 2, 1 R, 2, Kx, Cx
Combin214	二维平面弹簧/阻尼	Et, 2, combin214 Keyopt, 2, 2, 1 ∗DIM, KYY, table, 3, 1, 1, omegs KYY (1, 0) = 0, 1000, 2000 KYY (1, 1) = 1e6, 2.7e6, 3.2e6 ∗DIM, KZZ, table, 3, 1, 1, omegs KZZ (1, 0) = 0, 1000, 2000 KZZ (1, 1) = 1.4e6, 4.e6, 4.2e6 r, 2, %KYY%, %KZZ%
Matrix27	通用刚度/阻尼矩阵	ET, 3, matrix27,,, 4 TYPE, 3 ZSTIFF1 = 1e8 R, 200 + 1 RMODIF, 200 + 1, 13, ZSTIFF1 RMODIF, 200 + 1, 24, ZSTIFF1 RMODIF, 200 + 1, 19, − ZSTIFF1 RMODIF, 200 + 1, 30, − ZSTIFF1 RMODIF, 200 + 1, 64, ZSTIFF1 RMODIF, 200 + 1, 69, ZSTIFF1 REAL, 200 + 1

（续）

单元	描述	定义单元命令流
MPC184	多点约束单元	Keyopt，2，4，1 sectype，2，joint，gene local，11，0，4，0，0，0，0，0 secjoin，，11 KYY = 1e8 CYY = 1e6 KZZ = 1e10 CZZ = 1e2 tb，join，2，，，stiff tbdata，7，KYY tbdata，12，KZZ tb，join，2，，，damp tbdata，7，CYY tbdata，12，CZZ

表 7.4　轴承位置及相应参数

轴承位置	轴承 1	轴承 2	轴承 3	轴承 4	轴承 5
轴承坐标	(54.5, 0.2, 0)	(69.5, 0.2, 0)	(249.5, 0.2, 0)	(414.5, 0.2, 0)	(429.5, 0.2, 0)
轴承编号	104	105	112	119	120

（1）用 Combin14 单元模拟轴承

定义单元类型。在 ANSYS 中，单击 Main Menu > Preprocessor > Element Type > Add/Edit/Delete 命令，单击 Add 按钮，在单元类型库的左侧列表框中选择 "Combination"，右侧列表框中选择 "Spring-damper14"，如图 7.14 所示，单击 OK 按钮之后，接着为该单元设置 Options 选项，在弹出的 COMBIN14 element type options 对话框中的 DOF select for 1D behavior K2 下拉列表框中选择 "Longitude UY DOF"，单击 OK 按钮，如图 7.15 所示。

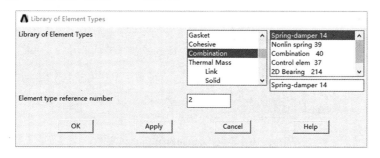

图 7.14　定义 Combin14 弹簧单元

定义 Combin14 单元的实常数。在 ANSYS 中，单击 Main Menu > Preprocessor > Real Constants > Add/Edit/Delete 命令，单击 Add 按钮，弹出 Element Type for Real Constants 对话框，在 Choose element type 列表框中选择 "Type 2 COMBIN14"，单击

OK 按钮，在弹出的对话框中进行实常数的定义，Real Constant set No.（单元实常数编号）设为"203"，Spring Constant K（弹簧刚度 K）文本框中输入"1e8"，单击 OK 按钮之后出现 Real Constants（实常数）对话框，里面出现实常数列表，单击 Close 按钮，完成 Combin14 单元的实常数设置，如图 7.16 所示。

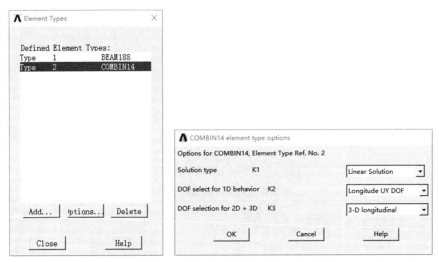

图 7.15　设置 Combin14 的 Option 选项

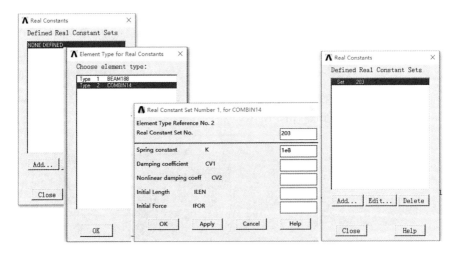

图 7.16　定义 Combin14 单元的实常数

建立轴承单元。首先，依照主轴轴承布置位置，建立对应节点，轴承编号与具体节点位置见表 7.4。在 ANSYS 中，单击 Main Menu > Preprocessor > Modeling > Create > Nodes > In Active CS 命令，在弹出的对话框中，依次输入轴承节点编号与坐标位置，每个节点参数输入完成后，单击 Apply 按钮，继续输入下一个节点的编号与坐标，如图 7.17 所示，最后节点参数输入完成后，单击 OK 按钮。完整的主轴节点与对应轴承节点如图 7.18 所示。

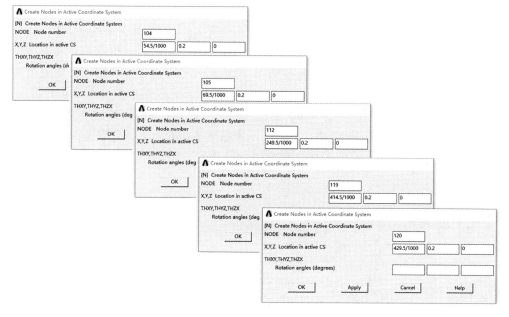

图 7.17　建立轴承节点

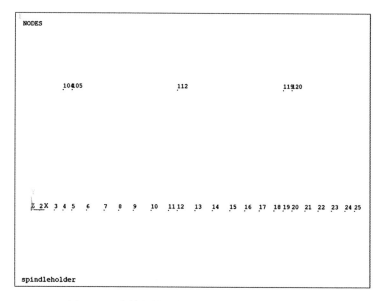

图 7.18　主轴结构与轴承支承的节点总体示意图

随后将轴承节点与主轴上相应位置节点对应相连，形成轴承单元，并赋予单元参数。在 ANSYS 中，单击 Main Menu > Preprocessor > Modeling > Create > Elements >

Elem Attributes 命令，在弹出的对话框中，选择［TYPE］下拉列表框中的"Combin14"单元作为单元类型，在［REAL］下拉列表框中选择实常数"203"，并选择 Section Number 下拉列表框为"No Section"，单击 OK 按钮，如图 7.19 所示。然后在 ANSYS 中继续单击 Main Menu > Preprocessor > Modeling > Create > Elements > Auto Numbered > Thru Nodes 命令，在对话框弹出后，拾取节点 4 和节点 104，单击 Apply 按钮（不单击 OK 按钮），完成第一个轴承单元的建立，如图 7.20 所示。继续拾取节点 5 和节点 105，单击 Apply 按钮，完成第二个轴承单元的建立；拾取节点 12 和节点 112，单击 Apply 按钮，完成第三个轴承单元的建立；拾取节点 19 和节点 119，单击 Apply 按钮，完成第四个轴承单元的建立；拾取节点 20 和节点 120，单击 Apply 按钮，完成第五个轴承单元的建立，轴承单元生成结果如图 7.21 所示。

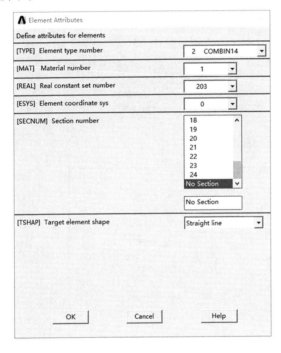

图 7.19　Combin14 单元属性设置

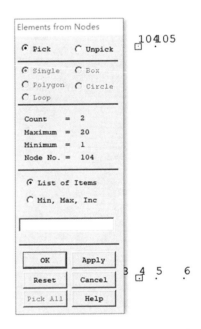

图 7.20　建立轴承单元

（2）用 Matrix27 单元模拟轴承

定义模拟轴承所用单元类型。在 ANSYS 中，单击 Main Menu > Preprocessor > Element Type > Add/Edit/Delete 命令，在弹出的 Library of Element Types 对话框中右边列表框中选择"User Matrix"，并在右侧列表框中选择"Stiff Matrix 27"，Element type reference number（单元类型编号）文本框中输入"2"，单击 OK 按钮，随后在左侧接着单击 Close 按钮，如图 7.22 所示。

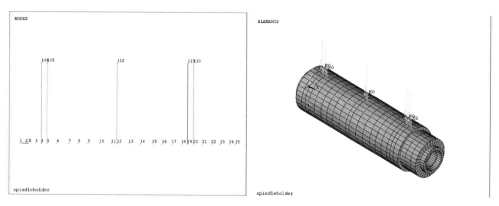

图 7.21　Combin14 模拟轴承单元完成图

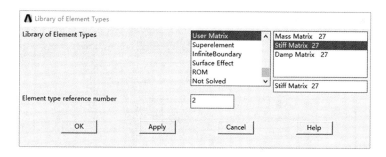

图 7.22　建立 Matrix27 单元

对于 Matrix27 单元需要设置该单元实常数（Beam188 单元无须设置单元实常数）。在 ANSYS 中，单击 Main Menu > Preprocessor > Real Constants > Add/Edit/Delete 命令，在弹出的对话框中显示已经定义的单元类型，选择"Type 2 Matrix27"，如图 7.23 所示，单击 OK 按钮，在弹出 Matrix27 单元实常数对话框之后（图 7.24），在相应位置添加刚度值 1×10^8，单击 Close 按钮，作为约束刚度值，以备调用。

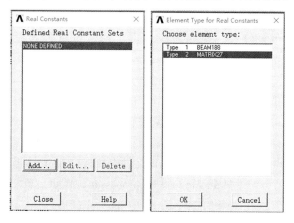

图 7.23　Matrix27 单元实常数添加

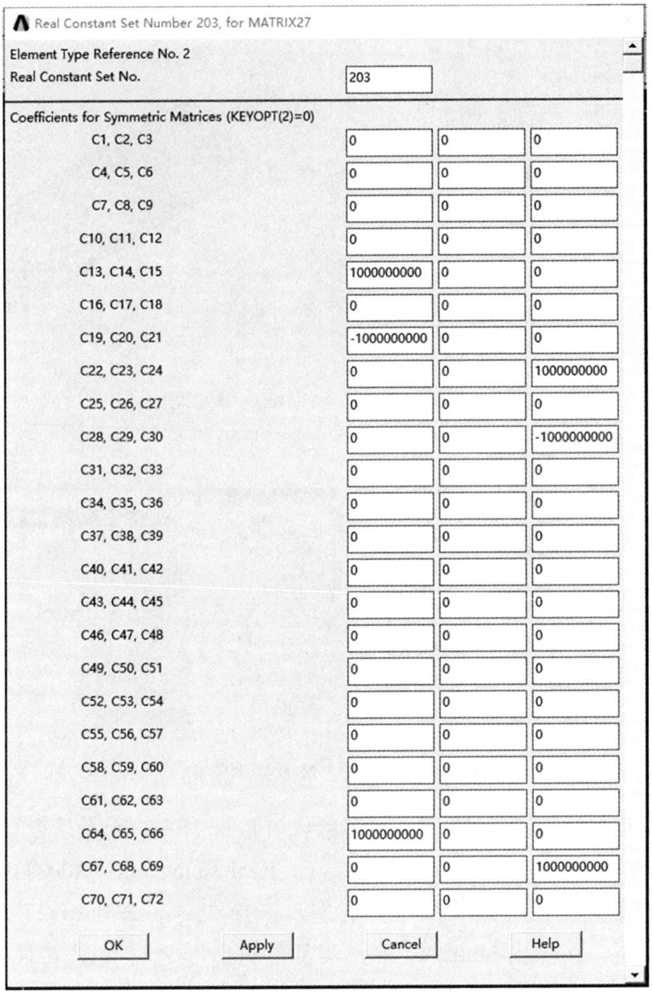

图 7.24　Matrix27 单元实常数设置

　　按照主轴轴承布置位置，建立对应节点，轴承位置分布见表 7.4。在 ANSYS 中，单击 Main Menu > Preprocessor > Modeling > Create > Nodes > In Active CS 命令，在弹出的对话框中，依次输入轴承节点编号与坐标位置，每个节点参数输入完成后，单击 Apply 按钮，继续输入下一个节点的编号与坐标，最后节点参数输入完成后，单击 OK 按钮，如图 7.25 所示。完整的主轴节点与对应轴承节点如图 7.26 所示。

　　随后将轴承节点与主轴上相应位置节点对应相连，形成轴承单元，并赋予单元参数。在 ANSYS 中，单击 Main Menu > Preprocessor > Modeling > Create > Elements > Elem Attributes 命令，在弹出的对话框中的［TYPE］下拉列表框中，选择"MATRIX27"单元作为单元类型，［REAL］下拉列表框中选择实常数"203"，并在［SECNUM］下拉列表框选择"No Section"，单击 OK 按钮，如图 7.27 所示。然后在 ANSYS 中继续单击 Main Menu > Preprocessor > Modeling > Create > Elements > Auto Numbered > Thru Nodes 命令，在弹出对话框中拾取节点 4 和节点 104，单击 Apply 按钮（不单击 OK 按钮），完成第一个轴承单元的建立；继续拾取节点 5 和节点 105，单击 Apply 按钮，完成第二个轴承单元的建立，如图 7.28 所示。拾取节点 12 和节点 112，单击 Apply 按钮，完成第三个轴承单元的建立；拾取节点 19 和节点 119，单击 Apply 按钮，完成第四个轴承单元的建立；拾取节点 20 和节点 120，单击 Apply 按钮，完成第五个轴承单元的建立，单元生成结果如图 7.29 所示。

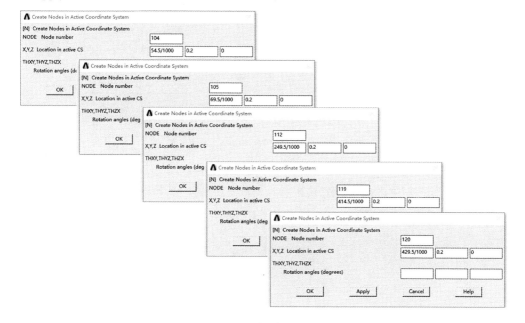

图 7.25　建立轴承节点

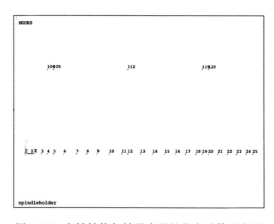

图 7.26　主轴结构与轴承支承的节点总体示意图

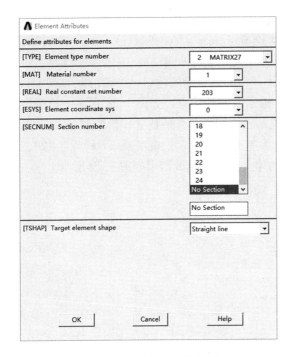

图 7.27　轴承单元属性设置　　　　　　　图 7.28　建立轴承单元

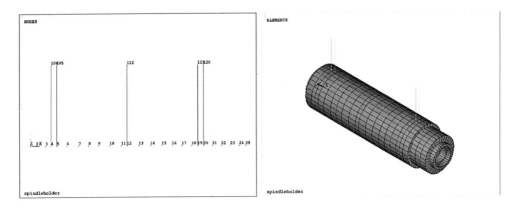

图 7.29　Matrix27 模拟轴承单元完成图

7.2　边界条件及外载荷

7.2.1　设置边界条件

　　轴类旋转零件在实际应用过程中主要考察径向弯曲和扭转，而轴向位移则通常被忽略处理，因此，在有限元分析时主轴系统节点自由度需要限制轴向平动和旋转自由度，即 UX 和 ROTX。在 ANSYS 中，单击 Main Menu > Solution > Define Loads > Apply > Structural > Displacement > On Nodes 命令，在弹出对话框中，单击 Pick All 按钮，拾取主轴系统所有节点，在弹出的自由度对话框中的 ［D］列表框中选择 UX（轴向平动）和 ROTX（轴向转动），单击 OK 按钮，如图 7.30 所示，如此便将主轴系统的轴向平动和转动自由度限制了。

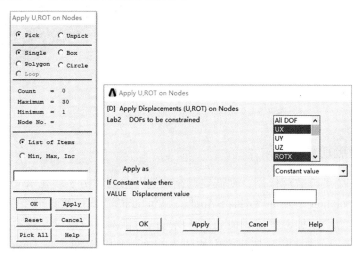

图 7.30　限制主轴系统自由度

对于支承轴承，在实际工作过程中轴承外圈是固定的，因此，所建立的轴承节点需要进行全约束。在 ANSYS 中，单击 Main Menu > Solution > Define Loads > Apply > Structural > Displacement > On Nodes 命令，在弹出的对话框中，拾取所有轴承位置节点，单击 OK 按钮，在弹出的对话框中，在 ［D］列表框中，选择 "All DOF"，单击 OK 按钮，如图 7.31 所示。结构设置边界条件后如图 7.32 所示。

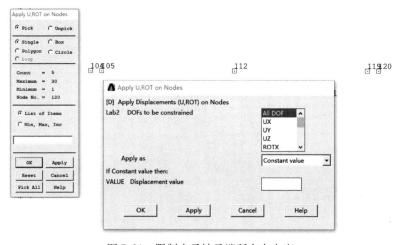

图 7.31　限制支承轴承端所有自由度

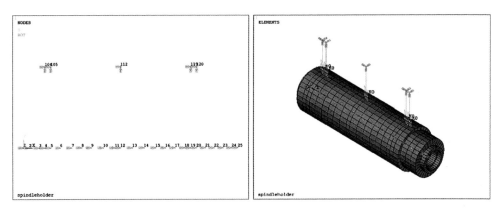

图 7.32　添加约束后主轴系统有限元模型

7.2.2　施加载荷约束

如果结构受到外载荷作用，则需要对结构进行静力学分析。在 ANSYS 中，单击 Main Menu > Solution > Define Loads > Apply > Structural > Force/Moment > On Nodes（在主轴末端的节点上施加力载荷）命令，弹出拾取对话框后拾取节点或输入节点编号，如图 7.33 所示，单击 OK 按钮，弹出如图 7.34 所示的对话框，在 Direction of force/mom 下拉列表框中选择 "Fy" 方向，在 Force/moment value 文本框中输入 "200"，即在径向方向施加 200N 恒力，单击 OK 按钮。施加力载荷之后的效果如图 7.35 所示。

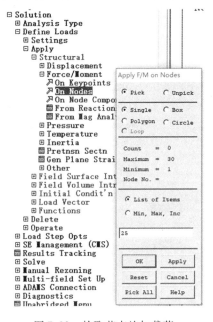

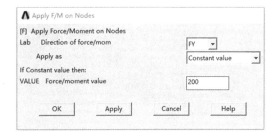

图 7.33　拾取节点施加载荷　　　　　　　　图 7.34　施加载荷对话框

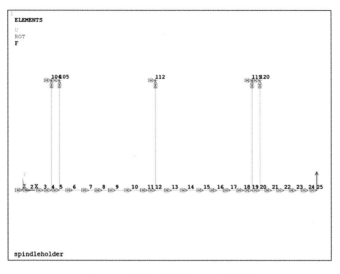

图 7.35　主轴系统施加刀尖点载荷

7.3　分析求解

7.3.1　静力学分析

设置载荷完成之后，进行静力学分析求解。在 ANSYS 中，单击 Main Menu > Solution > Solve > Current LS 命令，单击弹出的 Solve Current Load Step 对话框的 OK 按钮。出现 Solution is done! 提示时，求解结束。分析结束之后，可以查看分析结果，静力分析的结果包括应力和应变两部分。

在 ANSYS 中，单击 Main Menu > General Postproc > Plot Results > Deformed Shape 命令。弹出如图 7.36 所示的对话框，单击 Def + undeformed（变形 + 未变形的模型）单选按钮，单击 OK 按钮。结构变形结果如图 7.37 所示。

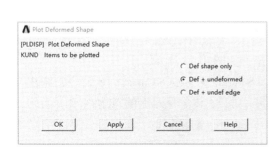

图 7.36　显示变形对话框

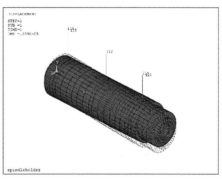

图 7.37　整体主轴的变形

在 ANSYS 中，单击 Main Menu > General Postproc > Plot Results > Contour Plot > Nodal Solu 命令，弹出如图 7.38 所示的 Contour Nodal Solution Data 对话框，在列表框中依次选取 Nodal Solution > Stress > von Mises stress，单击 OK 按钮。得到的应力强度分布云图如图 7.39 所示。

图 7.38　应力显示对话框图

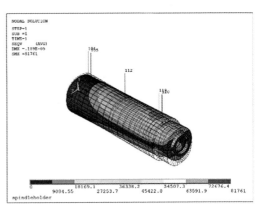

图 7.39　整体主轴的 Von Mises 应力云图

7.3.2　模态分析

对于转子系统或其他需要进行动力学分析的机构而言，模态分析是进行动力学分析的基础，通过模态分析可以获得固有频率及模态振型，得出分析对象的固有特性。对结构进行模态分析时只需要完成边界条件的设置，而不需要施加任何的外载荷，这是因为外载荷对于系统的固有特性是没有影响的。

（1）在 ANSYS 中，单击 Main Menu > Solution > Analysis Type > New Analysis 命令。弹出如图 7.40 所示的对话框后，选择 Type of analysis 为 "Modal"，单击 OK 按钮。

（2）在 ANSYS 中，单击 Main Menu > Solution > Analysis Type > Analysis Options 命令，打开 Modal Analysis 对话框，进行模态分析设置，如图 7.41 所示。单击 Block Lanczos 单选按钮，在 No. of modes to extract 文本框中输入 "20"，将 Expand mode shapes 设置为 "Yes"，单击 OK 按钮。

（3）在弹出的 Block Lanczos Method 对话框中，Start Freq 文本框中输入 "0.1"，其余采用默认设置，单击 OK 按钮，如图 7.42 所示。

（4）在 ANSYS 中，单击 Main Menu > Solution > Solve > Current LS 命令，弹出一个确认对话框和状态列表，如图 7.43 所示，按要求查看列出的求解选项。当列表中的信息确认无误后，单击 Solve Current Load Step 对话框的 OK 按钮，ANSYS 会显示求解状态进度条，当求解完成后，会出现 Solution is done! 提示，表示求解结束，如图 7.44 所示。

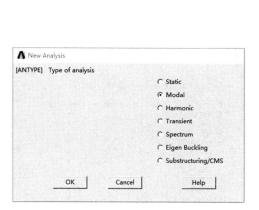

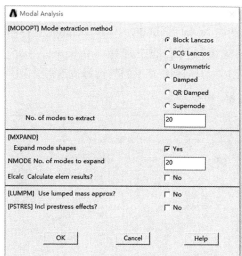

图 7.40 选择模态分析   图 7.41 选择模态分析方法

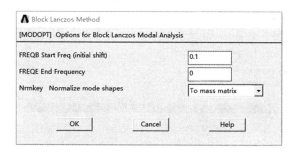

图 7.42 指定分析选项

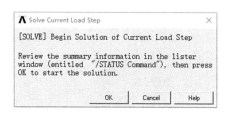

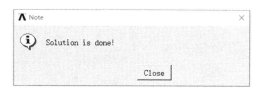

图 7.43 模态求解确认对话框   图 7.44 求解完成提示对话框

（5）模态分析完成之后，查看分析结果，包括固有频率和模态振型。在 ANSYS 中，单击 Main Menu > General Postproc > Results Summary 命令，弹出如图 7.45 所示的窗口，列表中显示了整体结构的各阶固有频率。

（6）查看与固有频率对应的模态振型。在 ANSYS 中，单击 Main Menu > General Postproc > Read Results > By Pick 命令，弹出 Results File 对话框，选取感兴趣的阶次，单击 Read > Close 按钮，如图 7.46 所示。然后继续在 ANSYS 中单击 Main Menu >

General Postproc > Plot Results > Contour Plot > Nodal Solu 命令，在弹出的列表框中依次选取 Nodal Solution > DOF Solution > Displacement Vector sum，并在 Undisplaced shape key 下拉列表框中选择"Deformed shape with undeformed edge"，单击 OK 按钮，如图 7.47 所示，显示的与选择固有频率对应的模态振型如图 7.48 所示。

SET.LIST Command				
File				

***** INDEX OF DATA SETS ON RESULTS FILE *****

SET	TIME/FREQ	LOAD STEP	SUBSTEP	CUMULATIVE
1	448.19	1	1	1
2	511.96	1	2	2
3	2207.0	1	3	3
4	2240.6	1	4	4
5	4621.3	1	5	5
6	4625.4	1	6	6
7	7176.1	1	7	7
8	7188.3	1	8	8
9	9207.1	1	9	9
10	9216.7	1	10	10
11	10971.	1	11	11
12	10976.	1	12	12
13	11543.	1	13	13
14	11546.	1	14	14
15	13611.	1	15	15

SET.LIST Command				
File				

***** INDEX OF DATA SETS ON RESULTS FILE *****

SET	TIME/FREQ	LOAD STEP	SUBSTEP	CUMULATIVE
1	448.19	1	1	1
2	448.19	1	2	2
3	511.96	1	3	3
4	511.96	1	4	4
5	2240.6	1	5	5
6	2240.6	1	6	6
7	4625.4	1	7	7
8	4625.4	1	8	8
9	7188.3	1	9	9
10	7188.3	1	10	10
11	9216.7	1	11	11
12	9216.7	1	12	12
13	10976.	1	13	13
14	10976.	1	14	14
15	11546.	1	15	15

图 7.45　Combin14 和 Matrix27 单元模态分析结果列表

Results File: file.rst				
Available Data Sets:				

Set	Frequency	Load Step	Substep	Cumu
1	448.19	1	1	
2	448.19	1	2	
3	511.96	1	3	
4	511.96	1	4	
5	2240.6	1	5	
6	2240.6	1	6	
7	4625.4	1	7	
8	4625.4	1	8	
9	7188.3	1	9	
10	7188.3	1	10	
11	9216.7	1	11	
12	9216.7	1	12	
13	10976.	1	13	
14	10976.	1	14	
15	11546.	1	15	
16	11546.	1	16	

Read	Next	Previous

Close	Help

图 7.46　读取指定阶固有频率

7.3.3　谐响应分析

谐响应分析用于确定线性结构在承受随时间按正弦规律变化载荷时的稳态响应，这是结构动力学分析中获取稳态响应的比较简单的方法。假设施加在结构上的载荷是按正弦规律变化，下面分析结构在此载荷作用下的稳态响应情况。

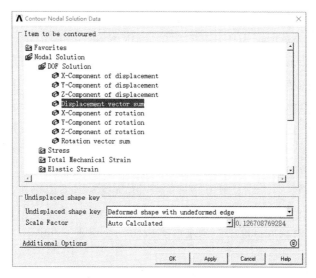

图 7.47　选择模态振型

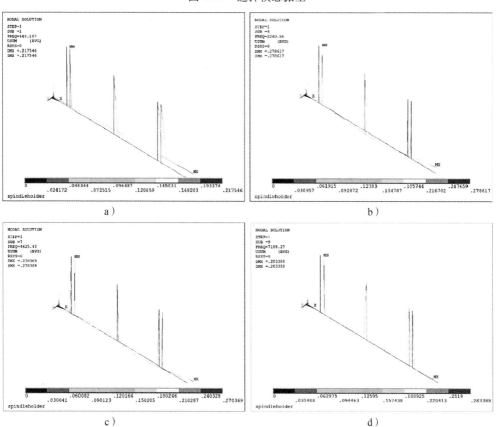

a) 一阶模态振型　b) 五阶模态振型　c) 七阶模态振型　d) 九阶模态振型

图 7.48　主轴各阶模态振型图

（1）在 ANSYS 中，单击 Main Menu > Solution > Analysis Type > New Analysis 命令。选择 Type of Analysis 为"Modal"，单击 OK 按钮。

（2）继续在 Analysis Type 中选择"Analysis Options"选项，打开 Modal Analysis 对话框，进行模态分析设置。在 Modal Analysis 对话框中选择"Block Lanczos"选项，在 No. of modes to extract 文本框中输入"20"，将 Expand mode shapes 设置为"Yes"，在 No. of nodes to extract 文本框中输入"20"，单击 OK 按钮。

（3）在弹出的 Block Lanczos Method 对话框中的 Start Freq 文本框输入"0.1"，在 End Frequency 文本框中输入"10000"，单击 OK 按钮。

（4）在 ANSYS 中，单击 Main Menu > Solution > Solve > Current LS 命令，按要求查看列出的求解选项确认无误后，单击 Solve Current Load Step 对话框的 OK 按钮。ANSYS 会显示求解状态进度条，当求解完成后，会出现 Solution is done! 提示，执行主菜单中的 Finish 命令。

（5）在 ANSYS 中，单击 Main Menu > Solution > Analysis Type > New Analysis 命令，单击 Type of Analysis 的 Harmonic 单选按钮，单击 OK 按钮，如图 7.49 所示。

（6）在 ANSYS 中，单击 Main Menu > Solution > Analysis Type 命令，选择 Analysis Options 选项，打开 Harmonic Analysis 对话框，进行谐响应分析设置，在 Solution method 下拉列表框中选择"Mode Superpos' n"，在 DOF printout format 下拉列表框中选择"Amplitud + phase"，单击 OK 按钮，如图 7.50 所示。

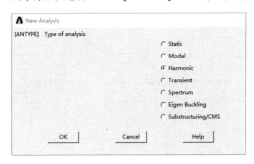

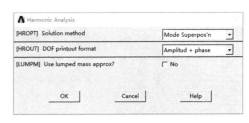

图 7.49　选择谐响应分析　　　　　图 7.50　谐响应分析设置对话框

（7）在弹出的 Mode Sup Harmonic Analysis 对话框中，在 Maximum node number 文本框中输入"20"，单击 OK 按钮，如图 7.51 所示。

（8）在 ANSYS 中，单击 Main Menu > Solution > Define Loads > Apply Structural > Force/Moment On Nodes 命令，打开施加节点力对话框，在文本框中输入"25"，单击 OK 按钮，如图 7.52 所示。

（9）在弹出的 Apply F/M on Nodes 对话框中，在 Direction of force/mom 下拉列表框中选择"FY"，在 VAWE Real part of force/mom 文本框中输入"200"，单击 OK 按钮，如图 7.53 所示。

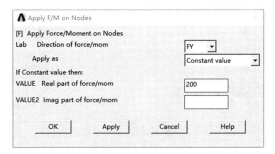

图 7.51　设置谐响应分析中的最大模态数　　　图 7.52　拾取载荷作用点

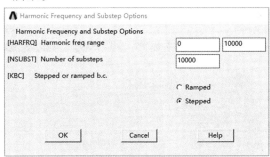

图 7.53　设置载荷信息

（10）在 ANSYS 中，单击 Main Menu > Solution > Load Step Opts > Time/Frequenc > Freq and Substeps 命令，在弹出的 Harmonic Frequency and Substep Options 对话框中的 Harmonic freq range 文本框中输入 "0" 和 "10000"，在 Number of substeps 文本框中输入 "10000"，在 Stepped or ramped b.c. 中单击 Stepped 单选按钮，单击 OK 按钮，如图 7.54 所示。

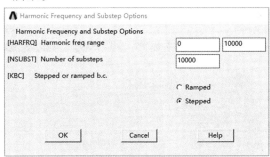

图 7.54　设置求解频率范围及迭代步数

（11）在 ANSYS 中，单击 Main Menu > Solution > Solve > Current LS 命令，弹出一个确认对话框，在状态列表确认无误后，单击 Solve Current Load Step 对话框的 OK 按钮，开始求解，求解完成后单击 Close 按钮，关闭提示对话框，在主菜单中执行 Finish。

（12）求解完成后，通过 POST26 时间 – 历程后处理器处理和显示分析结果。在 ANSYS 中，单击 Main Menu > TimeHist Postpro 命令，弹出 Time History Variables-file. rst 对话框，在实用菜单栏（Utility Menu）中，单击 file > Open Results 命令，添加 file. rfrq 结果文件，在随后弹出的对话框中添加 file. db 数据文件。

（13）在实用菜单栏（Utility Menu）中，单击 " + " 按钮，打开 "添加时间 – 历程变量" 对话框，在列表框中依次选取 Nodal Solution > DOF Solution > Y-Component of Displacement，单击 OK 按钮，如图 7.55 所示，打开 Node of Data 拾取对话框，输入需要查看结果的节点编号 "25"，单击 OK 按钮，如图 7.56 所示。返回到 Time History Variables-file. rfrq 对话框，结果如图 7.57 所示。

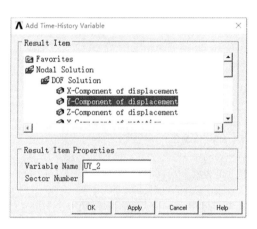

图 7.55　添加时间 – 历程对话框

图 7.56　拾取节点数据对话框

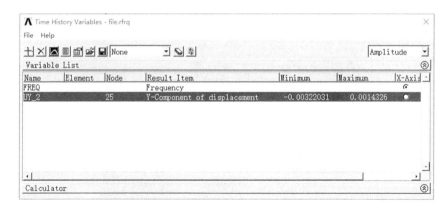

图 7.57　拾取节点信息后的 "Time History Variables-file. rfrq" 对话框

（14）单击"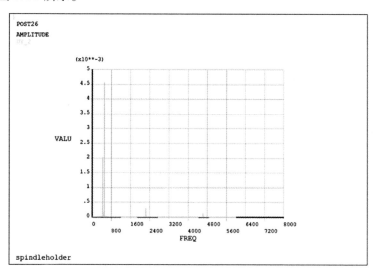"按钮，在图形窗口会显示出所拾取节点的变量随频率变化曲线，如图 7.58 所示。

图 7.58　拾取节点的变量随频率变化曲线

（15）在 ANSYS 中，单击 Main Menu > TimeHist Postpro > List Variables 命令，在弹出的对话框中的 1st variable to list 文本框中输入"2"，单击 OK 按钮，如图 7.59 所示，ANSYS 会弹出变量与频率直接对应关系的数值列表，如图 7.60 所示。可以提取这些数据进行其他的分析处理。

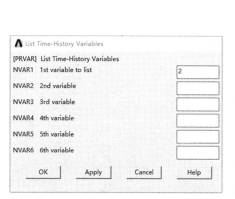

图 7.59　变量选择对话框

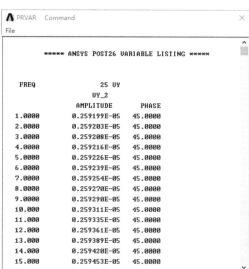

图 7.60　变量与频率列表

7.4　命令流方式

```
finish
/clear
/CONFIG, NRES, 20000
/NERR, 1000, 100000
/PREP7
/TITLE, spindleholder
ET, 1, beam188,,, 2                        ! 用于模拟整个轴系
MP, EX, 1, 2.06E11                         ! 铁的弹性模量       均为标准单位
MP, DENS, 1, 7850                          ! 铁的密度
MP, PRXY, 1, 0.3                           ! 铁的泊松比
AA = 24                                    ! 轴段数
*dim, doublerotor, ARRAY, 4, AA + 1        ! 定义数组, 用于存放几何数据 (AA + 1 行 3 列)
!!!!!!!!!!!!!!!!       输入轴段参数    单位 mm!!!!!!!!!!!!!!!!!!!!!!!!!!!!!!!!!!!!!!!!!!!!
!!!!!!!!!!!                L (轴段长)       D (轴外径)       D0 (轴内径)
doublerotor (1,    1) =         14.5,            120,             70
doublerotor (1,    2) =         25,             150,             70
doublerotor (1,    3) =         15,             150,             55          ! 轴承
doublerotor (1,    4) =         15,             150,             55          ! 轴承
doublerotor (1,    5) =         25,             150,             65
doublerotor (1,    6) =         30,             150,             65
doublerotor (1,    7) =         25,             150,             65
doublerotor (1,    8) =         25,             150,             65
doublerotor (1,    9) =         30,             150,             65
doublerotor (1,   10) =         30,             150,             65
doublerotor (1,   11) =         15,             150,             55          ! 轴承
doublerotor (1,   12) =         30,             150,             65
doublerotor (1,   13) =         30,             150,             65
doublerotor (1,   14) =         30,             150,             55
doublerotor (1,   15) =         25,             150,             55
doublerotor (1,   16) =         25,             150,             55
doublerotor (1,   17) =         25,             150,             70
doublerotor (1,   18) =         15,             150,             55          ! 轴承
doublerotor (1,   19) =         15,             150,             55          ! 轴承
doublerotor (1,   20) =         22.6,           150,             40
doublerotor (1,   21) =         22.6,           130,             47
```

```
doublerotor (1,    22) =       22.6,          130,              53
doublerotor (1,    23) =       22.6,          130,              60
doublerotor (1,    24) =       16.4,           88,              70
 *dim, ll2, array, AA                    ! 用于存放轴段长度
 *dim, dd2, array, AA                    ! 用于存放轴段外径
 *dim, dd20, array, AA                   ! 用于存放轴段内径
 *DO, I, 1, AA                           ! 存入轴段参数, 并划成标准单位
ll2 (I, 1) = doublerotor (1, I)/1000
dd2 (I, 1) = doublerotor (2, I)/1000
dd20 (I, 1) = doublerotor (3, I)/1000
 *ENDDO
 *dim, xx2, array, AA + 1                ! 用于存放节点坐标
xx2 (1, 1) = 0
 *DO, I, 2, AA + 1
xx2 (I, 1) = xx2 (I - 1, 1) + ll2 (I - 1, 1)  ! 沿轴向将每一个节点的坐标求出
 *ENDDO
 *DO, I, 1, AA + 1                       ! 绘制节点 (轴段)
N, I, xx2 (I, 1)
 *ENDDO
MAT, 1
TYPE, 1                                  ! 选择单元
 *DO, I, 1, AA
SECTYPE, I, beam, ctube
SECDATA, dd20 (I)/2, dd2 (I)/2, 32
SECNUM, I
E, I, I + 1                              ! 绘制单元
 *ENDDO
ET, 2, matrix27,,, 4                     ! 用于模拟弹性支撑
N, 105, xx2 (5, 1), 0.2, 0
N, 104, xx2 (4, 1), 0.2, 0
N, 112, xx2 (12, 1), 0.2, 0
N, 120, xx2 (20, 1), 0.2, 0
N, 119, xx2 (19, 1), 0.2, 0
TYPE, 2                                  ! 选择矩阵单元, 用于模拟支撑刚度
KK = 1e8
R, 203
RMODIF, 200 + 3, 13, KK
RMODIF, 200 + 3, 24, KK
RMODIF, 200 + 3, 19,  - KK               ! 定义支撑刚度, 对称的
```

```
RMODIF, 200 + 3, 30, - KK
RMODIF, 200 + 3, 64, KK
RMODIF, 200 + 3, 69, KK
REAL, 200 + 3
E, 5, 105
E, 4, 104
E, 12, 112
E, 20, 120
E, 19, 119
* DO, I, 1, AA + 1
D, I, ux
D, I, rotx
* ENDDO
D, 105, ALL
D, 104, ALL
D, 112, ALL
D, 120, ALL
D, 119, ALL
/OUTPUT, cp, out,,                              ! 将输出信息送到 cp. out 文件
/debug, - 1,,, 1                                ! 指定输出单元矩阵
finish

/SOLU
ANTYPE, 2
MODOPT, LANB, 20
EQSLV, SPAR
MXPAND, 20,,, 0
LUMPM, 0
PSTRES, 0
MODOPT, LANB, 20, 0.1, 0,, OFF
/STATUS, SOLU
SOLVE
FINISH
!!(8) 计算谐响应分析
/SOLU                                          ! 进入求解器
ANTYPE, HARMIC                                 ! 指定分析类型为谐响应分析
HROPT, MSUP,,, 0
HROUT, OFF
LUMPM, 0
```

HROPT, MSUP, 10,, 0　　　　　　　　　! 指定采用模态叠加法, 计算模态数目为 10

! HROUT, OFF, OFF, 0　　　　　　　　! 自由度显示方式为振幅 + 相位

HROUT, ON, OFF, 0

FLST, 2, 1, 1, ORDE, 1

F, AA + 1, FY, 200, 200

HARFRQ, 0, 6000　　　　　　　　　　! 设置频率范围

NSUBST, 6000,　　　　　　　　　　　! 载荷子步 7000

KBC, 1　　　　　　　　　　　　　　　! 采用阶跃加载方式

OUTPR, BASIC, NONE,

SOLVE　　　　　　　　　　　　　　　! 求解

FINISH

/POST26

FILE, 'file', 'rfrq', '. '

LINES, 7001,

NSOL, 2, AA + 1, U, Y, UY_2

PRCPLX, 1

PRVAR, 2

FINISH

! 用 COMBIN14 模拟轴承单元

N, 105, xx2 (5, 1), 0.2, 0

N, 104, xx2 (4, 1), 0.2, 0

N, 112, xx2 (12, 1), 0.2, 0

N, 120, xx2 (20, 1), 0.2, 0

N, 119, xx2 (19, 1), 0.2, 0

ET, 2, COMBIN14

KEYOPT, 2, 2, 2

R, 203, 1e8,,,,,,

TYPE,　　　2

REAL,　　　　203

E, 5, 105

E, 4, 104

E, 12, 112

E, 20, 120

E, 19, 119

第8章 机床床身-立柱系统静力学及模态分析

8.1 复杂装配体分析概述

在实际工程设计分析过程中，分析对象不局限为抽象的简化模型或者关键零件，更多的情况是需要对复杂装配体或者多零件组合部件进行仿真分析，得出总体结构的应力分布云图或者固有频率及模态振型，根据分析结果对设计结构进行校核与修正。对于复杂装配体结构的分析，在工程上大多基于 ANSYS Workbench 平台，该平台与 ANSYS 经典界面相比，操作界面上更清晰化、流程化、人性化，限制了经典界面中过多的选择，易于工程人员掌握。本章以机床床身与立柱装配体为例，基于 ANSYS Workbench 平台，对其进行静力学及模态分析，并详细列出每个步骤的操作流程，使读者对 ANSYS Workbench 有一个由浅入深的了解，为今后学习和工作打下基础。

使用 Workbench 进行有限元分析的一般步骤包括：有限元前处理、有限元计算及后处理三个部分。有限元前处理包括几何建模、网格划分；有限元计算包括静力学分析、模态分析、谐响应分析、响应谱分析、瞬态动力学分析、非线性分析、热力学分析及流体动力学分析等；有限元后处理包括查看数据分析结果和图形分析结果。

本章以机床 VMC0540 床身-立柱装配体为研究对象，通过 Workbench 平台，对装配体进行静力和模态分析，详细讲解如何使用 Workbench 软件进行工程分析，将操作流程配以 Workbench 界面截图，使初学者或者工程技术人员可以凭借本章内容迅速掌握 Workbench 的初级分析与操作。

8.2 选择分析类型

如图 8.1 所示，在打开 Workbench 界面之后，Workbench 的初始界面除了菜单和工具栏之外，主界面是一片空白，因此需要首先选择分析类型，在指定的分析类型模块下，进行相应的有限元操作和分析。下面介绍如何将分析类型添加到主界面中。

Workbench 的 Toolbox 包括五个内容，如图 8.2 所示。Analysis Systems 是分析系统，下面的每一个子项均是一个完整的分析系统。Component Systems 是组件系统，下面的子项组成 Analysis Systems 中的所有完整分析系统，也就是通过 Component Systems 中的某几个可以联合完成 Analysis Systems 的任何一个分析功能。Custom Systems 是自定义系统，下面的子项用于耦合分析。Design Exploration 是探索设计，包括优化设计和可靠性设计等。External Connection Systems 是外部连接系统，这个是 Workbench 新增的功能，主要用于二次开发等。

图 8.1　Workbench 初始界面

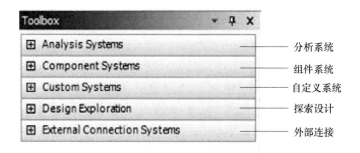

图 8.2　Workbench 工具栏

本章主要介绍分析系统 Analysis Systems。单击 Analysis Systems 左侧"＋"号，打开的下拉菜单如图 8.3 所示，对于结构分析可以分为两大类：静力学分析和动力学分析。静力学问题有稳态静力学 Static Structure，在 Workbench 的静力分析方法中包括 Static Structure 和 Static Structure（Samcef）两种，分别采用 Workbench 自带求解器和 Samcef 求解器进行求解。Samcef 是功能强大的用于结构与机构非线性分析的通用软件，在其他模块后面如果带有 Samcef 则表示采用 Samcef 求解器进行计算。

动力学分析中包括的模块比较多，对应常规的动力学问题有瞬态动力学和显示动力学，其中瞬态动力学表示采用隐式算法进行计算。动力学分析还包括模态分析、随机振动分析、刚体动力学分析和响应谱分析等。

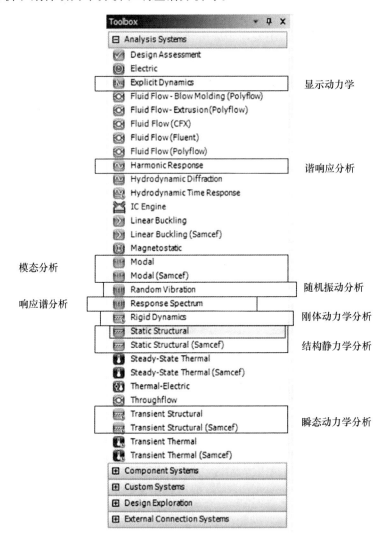

图 8.3　分析系统中包括的分析模块

　　本章中需要对机床床身 – 立柱装配体结构进行静力学分析和模态分析，首先从 Toolbox 的 Analysis Systems 中选择 Static Structural，双击 Static Structural，在 Workbench 的 Project Schematic 项目管理区域中创建分析项目 A，添加静力学分析模块，如图 8.4 所示。

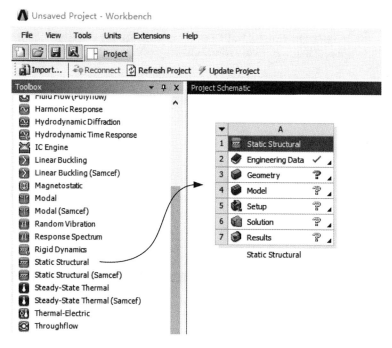

图 8.4　添加结构静力学分析模块

8.3　材料参数

在所创建的分析项目 A 中共存在 7 个步骤，其中 A1 是 Static Structural，表示该项目的分析类型是静力分析；A2 是 Engineering Data，工程数据，是材料参数设置；A3 是 Geometry，几何模型的建立；A4 是 Model，前处理，赋予几何模型材料和网格设置与划分；A5 是 Setup，有限元分析，完成静力分析；A6 是 Solution；A7 是 Results，查看分析结果。

Workbench 的 Engineering Data 中默认存在的就是结构钢的各类材料参数，如图 8.5 所示，如果需要别的材料参数，则可以从 Workbench 的材料库中选择。在 Click here to add a new material 处单击右键，在弹出菜单中选择 Engineering Data Sources 则显示出 Workbench 中的材料库，选择所需要的材料即可，如图 8.6 所示。如果材料库中没有所需要的材料参数，也可以手动输入。材料参数设置完成后，可以将菜单栏（图 8.4）上显示的 A2 小窗口命令按钮关闭，之后 Project A 项目选项卡显亮。

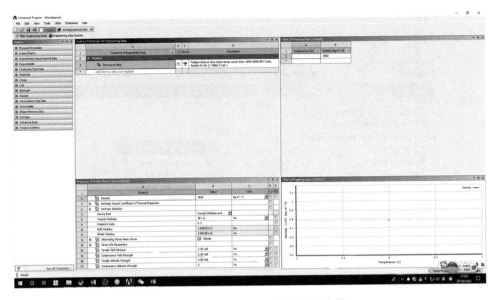

图 8.5　Engineering Data 默认材料参数

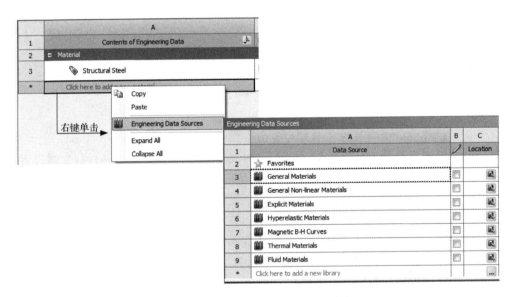

图 8.6　从材料库中添加其他材料参数

8.4　几何建模

在完成材料参数的设置之后，进入下一阶段 A3-Geometry。在有限元分析之前，首要的工作就是建立分析对象的几何模型，模型质量的好坏直接影响有限元分析结果的正确与否，同时建模过程也是非常耗时的。在 Workbench 平台中的几何建模方法有如下几种：

（1）外部中间格式的几何模型导入，如 stp、x_t、sat、igs 等。

（2）处于激活状态的几何模型导入。此方法需要保证几何建模软件的版本号与 Workbench 的版本号具有相关性，例如在 CREO（Pro/E）中建立几何模型后，不关闭，直接启动 Workbench 软件的几何模型 DesignModeler 模块，从菜单中直接导入激活状态的模型即可。

（3）Workbench 自带的几何建模工具——DesignModeler 模块，具有所有 CAD 软件的几何建模功能，同时也是有限元分析中前处理的强大工具。

（4）Workbench 外部几何建模模块——SpaceClaim Direct Modeler，该模块是先进的以自然方式建立几何模型平台，无缝集成到 Workbench 平台中。

本例中采用方式（1），使用 Pro/E 或 Solidworks 等三维 CAD 建模软件对机床床身 - 立柱装配体结构进行建模，具体建模过程不在此处描述，建模结果如图 8.7 所示，将装配图保存为 .x_t 文件备用。

Workbench 中导入几何模型的具体操作过程可以有两种形式。第一种是在 Geometry 上单击右键，在弹出的快捷菜单中选择 Import Geometry > Browse 命令，如图 8.8 所示。此时会弹出"打开"对话框，在弹出的对话框中选择文件路径，导入分析对象 .x_t 的几何文件，如图 8.9 所示，单击"打开"按钮，此时 A3（Geometry）后面的❓会变为✓，表示实体模型已经存在。然后双击 A3（Geometry），此时会进入 DM 界面，单击工具栏中的 ⚡Generate 生成按钮，即可在 DesignModeler 界面中显示几何模型，如图 8.10 所示。如有需要可以在 DesignModeler 界面中对几何体进行其他操作，如不需修改则可以直接关闭 DesignModeler 界面。

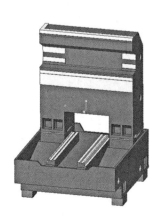

图 8.7　机床床身 - 立柱装配图

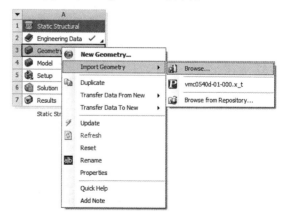

图 8.8　导入几何模型

第二种是在 A3（Geometry）上直接双击进入 DesignModeler 模块，在 DM 界面的菜单栏中单击 File > Import External Geometry File…命令，弹出"打开"对话框，

选择文件路径，导入分析对象 . x_t 文件，单击工具栏中的 Generate 生成命令按钮，导入的几何模型就可以显示在 DM 窗口中，A3 的几何建模步骤完成，如图 8.11所示。

图 8.9　"打开"对话框

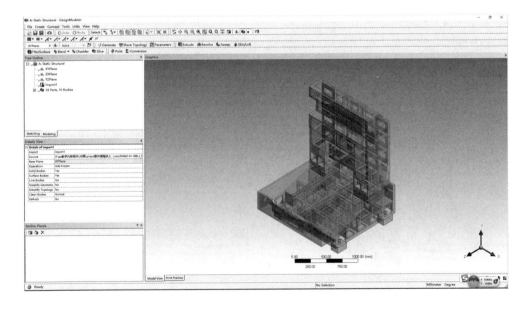

图 8.10　导入几何模型后的 DesignModeler 界面

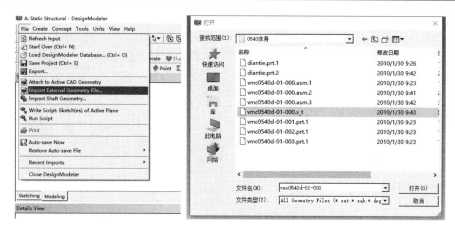

图 8.11　DM 界面中导入模型

8.5　模型前处理

在完成了 Workbench 的模型导入之后，进入 A4（Model）子项的操作。在 A4 上单击右键，在弹出的菜单中选择 Ⓜ Edit … 命令，如图 8.12 所示，随后进入 Mechanical 界面，在该界面中进行网格的划分、约束和载荷的设置、计算求解及查看结果等操作，如图 8.13 所示。在进入 Mechanical 界面后，模型加载会有一个过程，待模型加载完成后，单击菜单栏中的 Units > Metric（m，kg，N，s，V，A）命令，完成模型与仿真的单位设置。

图 8.12　进入 Model 子项

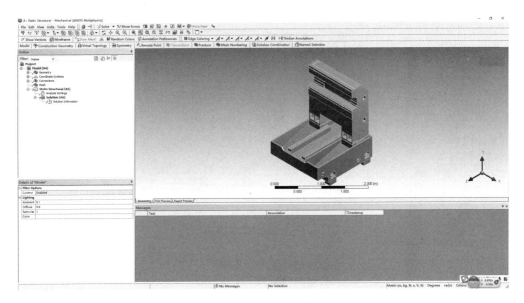

图 8.13　Mechanical 界面

8.5.1　网格划分

　　单击 Mechanical 界面左侧 Outline（分析树）中的 Mesh 选项，可在下面的 Details of Mesh 中修改网格参数，本例中均采用默认设置，无须修改。在 Outline 的 Mesh 选项上单击右键，在弹出的菜单中单击 ⚡ Generate Mesh 命令，会弹出如图 8.14所示的进度显示条，表示正在进行划分网格，进度条消失则表示网格划分完成，自动划分网格效果如图 8.15 所示，Workbench 中自由划分网格系统默认采用四面体单元。

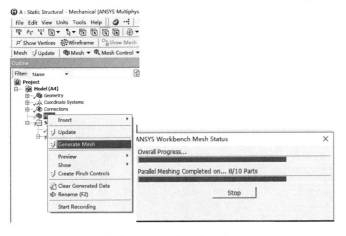

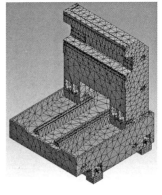

图 8.14　划分网格操作　　　　　　　　　　图 8.15　网格划分完成效果图

8.5.2 约束与载荷设置

单击 Mechanical 界面左侧 Outline 中的 Static Structural（A5）选项，在 Mechanical 界面工具栏中会出现 Environment 工具栏，如图 8.16 所示。单击 Environment 工具栏中的 Supports > Fixed Support 命令，此时在 Outline 下方会出现 Fixed Support 选项，如图 8.17 所示。在 Fixed Support 选项中，选择需要施加固定约束的平面，单击工具栏中选择 🔲（选择面）按钮，同时按住 Ctrl 键，选择机床底座下方的 4 个支腿底面，单击 Details of "Fixed Support" 参数列表中 Geometry 选项下的 Apply 按钮，即可对上述所选中的 4 个底面施加固定约束，如图 8.18 所示。

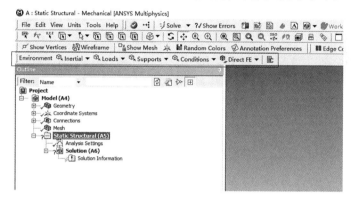

图 8.16　Environment 工具栏

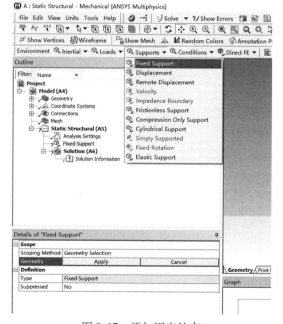

图 8.17　添加固定约束

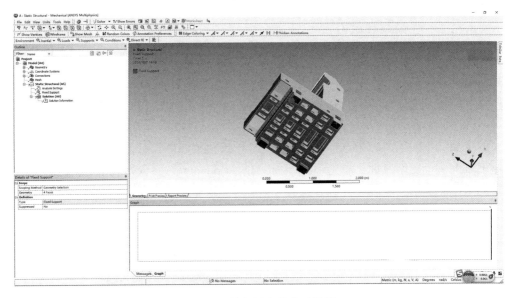

图 8.18　施加固定约束后效果

　　选择 Environment 工具栏中的 Loads > Force 命令，此时在 Outline 中会出现 Force 选项，下方会出现 Details of Force 参数列表，如图 8.19 所示。在 Details of "Force" 的参数列表中单击 Geometry 选项，可以选择载荷作用位置，单击作用面之后，单击 Apply 按钮；单击 Definition > Define By 选项中的 Components 选项，并在 X、Y 和 Z 三个分量方向输入载荷数值，本例中在已选定立柱平面的 Y 方向受到 -10^5N 的力，如图 8.20 所示。

图 8.19　添加集中力载荷

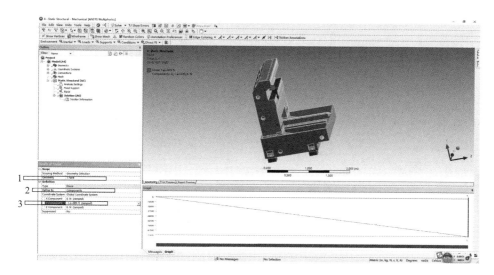

图 8.20　定义立柱平面所受载荷

　　按照上述载荷定义方法和步骤，在床身导轨上施加 Z 方向集中载荷 10^4 N，具体步骤不再赘述，施加载荷的效果如图 8.21 所示。

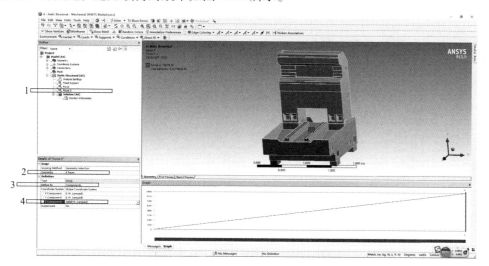

图 8.21　定义床身导轨平面所受载荷

8.6　求解及后处理

　　在完成结构约束和载荷的设置之后，Workbench 软件可以进入求解模块。单击 Mechanical 界面左侧 Outline 中 Solution（A6）选项，菜单栏中显示 Solution 工具栏，如图 8.22 所示。单击 Solution > Deformation > Total 命令，此时 Outline 中会出现

Total Deformation 选项，如图 8.23 所示。单击 Solution > Strain > Equivalent（von-Mises）命令，此时 Outline 中会出现 Equivalent Elastic Strain 选项，如图 8.24 所示。单击 Solution > Stress > Equivalent（von- Mises）命令，此时 Outline 中会出现 Equivalent Stress 选项，如图 8.25 所示。

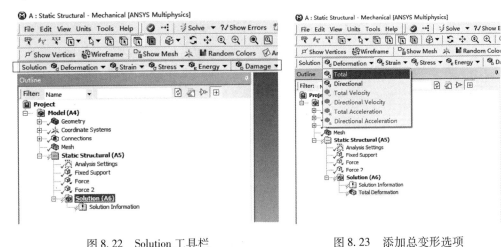

图 8.22　Solution 工具栏　　　　　　　　图 8.23　添加总变形选项

图 8.24　添加等效应变选项　　　　　图 8.25　添加等效应力选项

在 Outline 中 Solution（A6）选项上单击右键，在弹出的菜单中单击 Solve 命令，随后会弹出进度显示条，表示 Workbench 系统正在分析求解，进度条消失表示求解完成。在 Outline 中 Solution（A6）选项下，单击 Total Deformation 选项，会出现装配体总的变形分析云图，如图 8.26 所示；单击 Equivalent Elastic Strain 选项，会出现装配体应变分析云图，如图 8.27 所示；单击 Equivalent Stress 选项，会出现装配体应力分析云图，如图 8.28 所示。如果还需要查看其他结果，可以继续在 Solution 工具栏中添加所需的选项，重新单击 ⚡ Solve 进行分析即可。

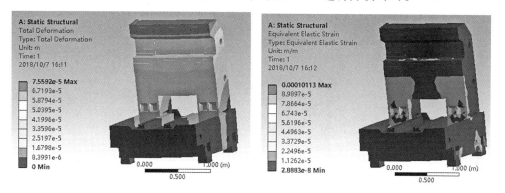

图 8.26　总变形分析云图　　　　　　　　图 8.27　应变分析云图

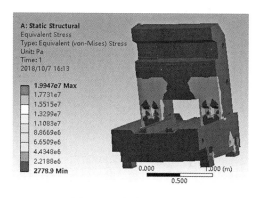

图 8.28　应力分析云图

8.7　保存与退出

在分析结束之后，Mechanical 模块还提供了自动生成分析报告功能。单击 Mechanical 界面中模型显示区下方的第三个 Report Preview 按钮，Mechanical 模块自动将 Project A 中的所有信息生成文档，在菜单栏中出现 Report Preview 工具栏，单击 Send To 命令，可以将分析报告保存为 .doc 格式或者 .ppt 格式。关闭 Mechanical 界面，退出 Mechanical 模块返回 Workbench 主界面，此时，主界面项目管理区显示的每个项目后面均为 ✓，表示所有分析项目均已完成。单击 Workbench 主界面常用工具栏中的 Save 按钮，保存包含分析结果的文件。

8.8　模态分析

Workbench 软件进行模态分析的流程与进行静力学分析流程是一致的。在

Workbench 的 Toolbox 中选择 Modal 分析模块，双击，在主界面中创建 Project B 模态分析模块，如图 8.29 所示。在创建了分析模块之后，根据模块显示出的步骤进行操作，B2 为 Engineering Data，B3 为 Geometry，B4 为 Model。

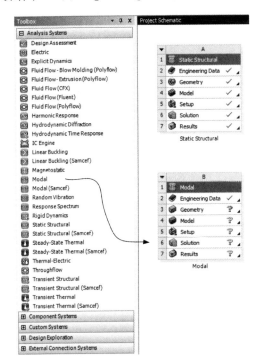

图 8.29　创建模态分析项目 Project B

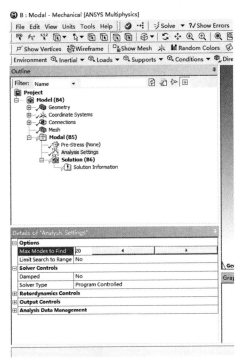

图 8.30　模态分析设置

　　在双击 B4 Model 进入 Mechanical 模块之后，完成模型的网格划分和施加约束。进行模态分析不需要施加载荷，因此只进行约束设置即可。另外需要特别指出的是，Mechanical 模块中模态分析默认求解阶数为前 6 阶，单击 Outline > Modal（B5）> Analysis Settings 选项，在下方的 Details of "Analysis Settings" 参数列表中单击 Max Modes to Find 选项调整求解模态阶数，本例设置为 20 阶，如图 8.30 所示。分析结束之后，系统会直接显示所求阶数的固有频率，如图 8.31 所示。在 Tabular Data 中任意位置单击右键，在弹出菜单中，单击 Select All 命令，则所有固有频率全部被选中，继续单击右键，在弹出菜单中单击 Create Mode Shape Results 命令，则在 Outline 中的 Solution（B6）中对应每阶固有频率创建了一个 Total Deformation，右键单击 Solution（B6），在弹出菜单中单击 Evaluate All Results 命令进行求解，求解完成后可以查看每阶固有频率所对应的模态振型，前三阶模态振型如图 8.32 ~ 图 8.34 所示。

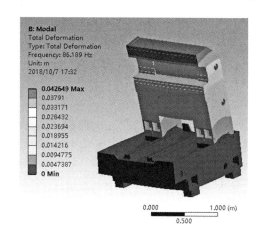

Tabular Data		
	Mode	☑ Frequency [Hz]
1	1.	86.189
2	2.	132.31
3	3.	211.05
4	4.	271.94
5	5.	294.96
6	6.	315.63
7	7.	339.53
8	8.	348.4
9	9.	363.02
10	10.	407.71
11	11.	449.09
12	12.	512.84
13	13.	528.23

图 8.31　各阶固有频率

图 8.32　第一阶模态振型

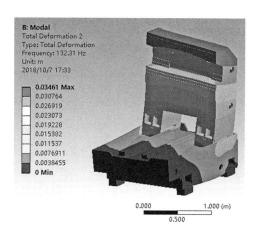

图 8.33　第二阶模态振型

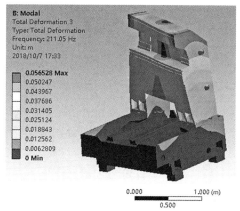

图 8.34　第三阶模态振型

第9章　接触分析

接触问题是一类非线性问题，与非线性相关的问题在求解时会伴随着很多困难。其中两个困难如下：①很多接触问题中的接触区域和接触位置是未知的。如果两个表面发生移动或者变化，就会导致接触区域发生较大的变化，会造成系统刚度突然变化的恶果。②大多数的接触问题是与摩擦密切相关的。摩擦的响应是杂乱的，并且与路径有关，这会使求解结果很难收敛。

接触问题一般分为两类：刚体对柔体和柔体对柔体。刚体对柔体是指一个或多个接触表面作为刚体（一个表面的刚度明显高于另一个表面的刚度）；柔体对柔体是指两个或所有的接触体都可以变形（两个表面的刚度基本一致）。

ANSYS 有三种类型的接触单元：①节点对节点。这是指接触的最终位置是事先知道的。②节点对面。接触区域未知，并且允许大滑动。③面对面。接触区域未知，并且允许大滑动。

9.1　轴盘实例

本实例中的盘为等厚度带孔圆盘，轴为等直径空心轴，其结构尺寸如图 9.1 所示。由于模型和载荷均为轴对称，所以在这里采用轴对称的四分之一模型来进行建模分析，使整个分析过程更加清楚直观。通过轴对称方法进行分析，能够更好地观察整个结构的应力变形、热变化等情况。空心轴和圆盘的材料一致，其在 ANSYS 中参数如下：

弹性模量：EX = 2e6。

泊松比：PRXY = 0.3。

接触摩擦因数：MU = 0.35。

9.1.1　前处理

（1）设定项目名称

1）打开 ANSYS Mechanical APDL，设定项目名称和标题。在实用菜单栏（Utility Menu）中单击 File > Change Jobname 命令、在实用菜单栏（Utility Menu）中单击 File > Change Tile 命令，

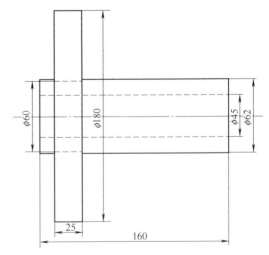

图 9.1　盘轴结构示意图

本实例的标题可以命名为：Contact analysis，相关操作如图9.2所示。

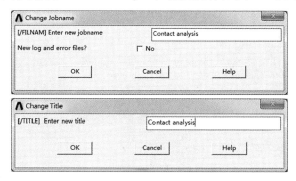

图9.2　设定项目名称和标题

2）为了在后面进行菜单方式操作时的简便，需要在开始分析时就指定本实例分析范畴为 Structural，在 ANSYS 中，单击 Main Menu > Preferences 命令，在弹出的对话框中单击 structural 单选按钮，单击 OK 按钮完成分析范围指定，相关操作如图9.3所示。

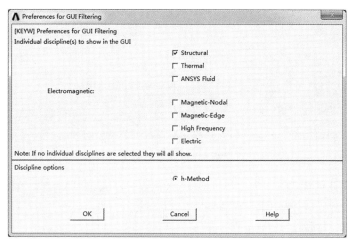

图9.3　指定分析范围

（2）定义单元类型

在 ANSYS 中，单击 Main Menu > Preprocessor > Element Type > Add/Edit/Delete 命令，将弹出 Element Types 对话框，单击 Add 按钮，弹出如图9.4所示的 Library of Element Types 对话框，在左侧列表框中选取"Structural Solid"，并在右侧列表框中选取"Brick 8 node 185"，单击 OK 按钮，接着单击 Close 按钮。

（3）定义材料参数

在 ANSYS 中，单击 Main Menu > Preprocessor > Material Props > Material Models 命令，弹出如图9.5所示的 Define Material Model Behavior 对话框，在右侧列表框中，

依次选取 Structural > Linear > Elastic > Isotropic，弹出如图 9.6 所示的对话框，在 EX（弹性模量）文本框中输入 "2e6"，在 PRXY（泊松比）文本框中输入 "0.3"，单击 OK 按钮。关闭所有对话框。

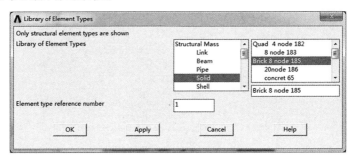

图 9.4　定义单元类型

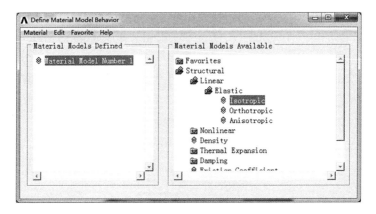

图 9.5　定义材料属性

（4）建立几何模型

1）创建 1/4 空心圆柱体。在 ANSYS 中，单击 Main Menu > Preprocessor > Modeling > Create > Volumes > Cylinder > Partial Cylinder 命令，弹出如图 9.7 所示的 Partial Cylinder 对话框。在 WP X（轴心横坐标）文本框中输入 "0"，在 WP Y（轴心纵坐标）文本框中输入 "0"，在 Rad-1（内径）文本框中输入 "22.5"，在 Theta-1（起始角度）文本框中输入 "0"，

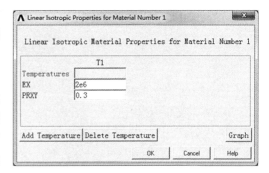

图 9.6　定义弹性模量和泊松比

在 Rad-2（外径）文本框中输入 "31"，在 Theta-2（终止角度）文本框中输入 "90"，在 Depth 文本框中输入 "160"，单击对话中的 OK 按钮关闭对话框。

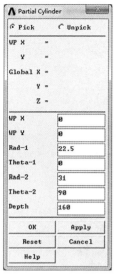
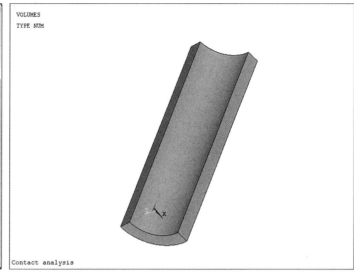

图 9.7　创建 1/4 空心圆柱体

2）创建 1/4 圆盘。在 ANSYS 中，单击 Main Menu > Preprocessor > Modeling > Create > Volumes > Cylinder > Partial Cylinder 命令，弹出如图 9.8 所示的 Partial Cylinder 对话框。在 WP X（轴心横坐标）文本框中输入 "0"，在 WP Y（轴心纵坐标）文本框中输入 "0"，在 Rad-1（内径）文本框中输入 "30"，在 Theta-1（起始角度）文本框中输入 "0"，在 Rad-2（外径）文本框中输入 "90"，在 Theta-2（终止角度）文本框中输入 "90"，在 Depth 文本框中输入 "25"，单击对话中的 OK 按钮关闭对话框。

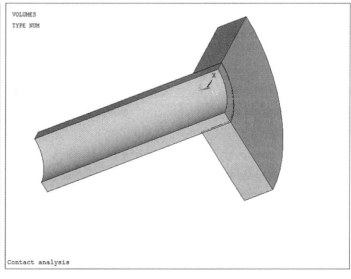

图 9.8　创建 1/4 圆盘

3）将圆盘移动到合适的位置。在 ANSYS 中，单击 Main Menu > Preprocessor > Modeling > Move/Modify > Volumes 命令，弹出如图 9.9 所示的 Move Volumes 对话框，拾取 1/4 圆盘，单击 OK 按钮，弹出如图 9.10 所示的 Move Volumes 对话框，在 Z-offset in Active CS（Z 轴方向平移量）文本框中输入"8"，单击 OK 按钮。

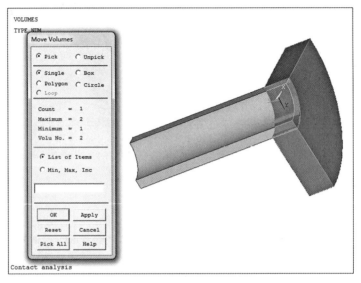

图 9.9　移动体操作

（5）划分网格

1）对圆盘端面的线进行分网控制。在 ANSYS 中，单击 Main Menu > Preprocessor > Meshing > Mesh Tool 命令，弹出 Mesh Tool 对话框，在 Size Controls 选项组中，单击 Lines 的 Set 按钮，将弹出如图 9.11 所示的 Element Sizes on Picked Lines 对话框，单击选中圆盘端面周向的两条线，单击 OK 按钮，将弹出

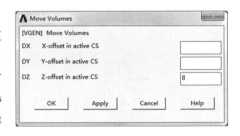

图 9.10　设置移动体参数

如图 9.12 所示的 Element Sizes on Picked Lines 对话框，在 No. of element divisions 文本框中输入"10"，即圆盘沿周向被划分为 10 个单元。单击 Apply 按钮。

2）对圆盘进行网格控制。重复以上步骤，将圆盘端面轴向的两条线划分为 4 份，将圆盘端面径向的两条线划分为 10 份。

3）对圆盘进行网格划分。选择分网工具对话框中的 Mesh 下拉列表框中的 "Volume"，指定分网对象为体，再单击 Shape 控制区的 Hex 单选按钮，指定形状为六面体。单击其下面的 Sweep 单选按钮，指定分网方式为扫掠，再单击对话框中的 Sweep 按钮，将弹出如图 9.13 所示的 Volume Sweeping 拾取对话框，单击选中圆盘，将其选中，单击拾取对话框中的 OK 按钮，如图 9.14 所示，完成对圆盘的网格划分。

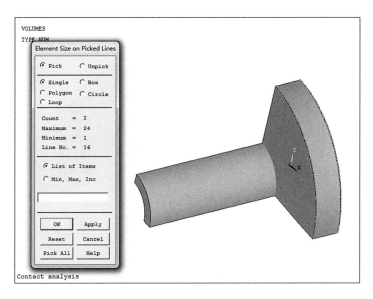

图 9.11 定义线的单元尺寸

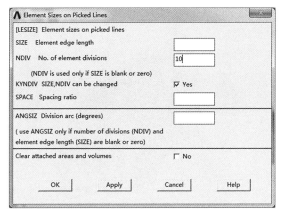

图 9.12 定义线的单元尺寸

4）对轴进行网格划分。在实用菜单栏（Utility Menu）中单击 Plot > Volumes 命令，显示全部体模型。重复步骤 1）~3），将轴周向划分 12 份，径向划分 3 份，轴向划分 20 份，同样用扫掠的方式对其进行网格划分。如图 9.15 所示，完成对模型的网格划分。

（6）创建接触对

1）打开接触管理器。在 ANSYS 中，单击 Main Menu > Preprocessor > Modeling > Create > Contact Pair 命令，弹出如图 9.16 所示的 Contact Manager 对话框。

2）单击接触管理器中的工具栏上的最左边 Contact Wizard ⬛ 按钮，将弹出如图 9.17 所示的 Contact Wizard 对话框。

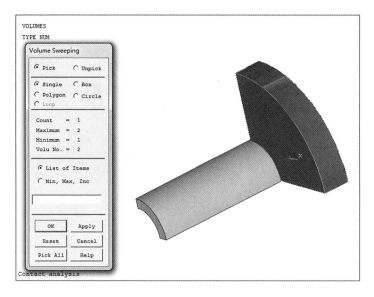

图 9.13　对圆盘进行网格划分

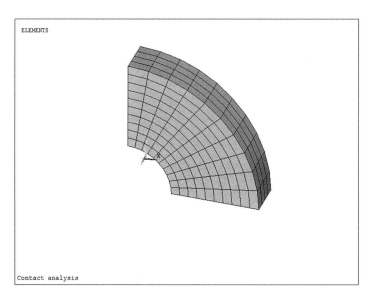

图 9.14　划分后的 1/4 圆盘

3）在 Target Surface 选项组中，单击 Areas 单选按钮，指定接触目标表面为面。单击 Pick Target…按钮来选择具体的目标面，将弹出如图 9.18 所示的 Select Area for Target 拾取对话框。选中 1/4 圆盘的盘心面，单击拾取对话框的 OK 按钮，这时，Contact Wizard 对话框中的 Next 按钮将被激活，单击 Next 按钮进入下一步，将弹出选中接触面的对话框。

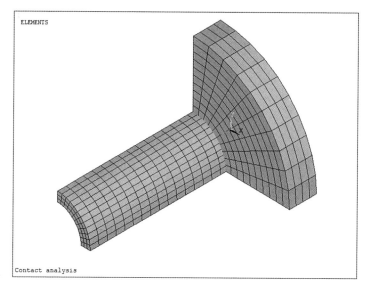

图 9.15 对模型进行网格划分

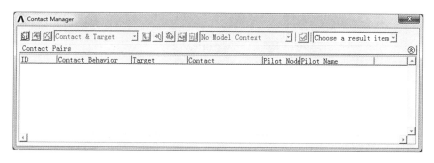

图 9.16 接触管理器

4）在 Contact Surface 选项组中，单击 Areas 单选按钮，指定接触目标表面为面。单击 Pick Target⋯按钮来选择具体的接触面，将弹出如图 9.19 所示的 Select Area for Target 拾取对话框。选中轴的外环面，单击拾取对话框的 OK 按钮，这时，Contact Wizard 对话框中的 Next 按钮将被激活，单击 Next 按钮进入下一步，对接触对的属性进行设置。

5）在如图 9.20 所示的 Contact Wizard 对话框中，单击 Include initial penetration 复选按钮，选择 Material ID 下拉列表框中的"1"，指定接触材料属性为一号材料。在 Coefficient of Friction 文本框中输入"0.35"，指定摩擦因数为 0.35。单击 Optional settings 按钮，来对接触问题的其他选项进行设置。

6）在如图 9.21 所示的 Contact Properties 对话框中的 Normal Penalty Stiffness 文本框中输入"0.1"，指定接触刚度的处罚系数为 0.1。然后单击对话框上部的 Friction 标签，打开对摩擦选项进行设置的选项卡。

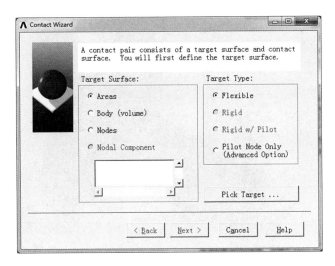

图 9.17　接触向导对话框

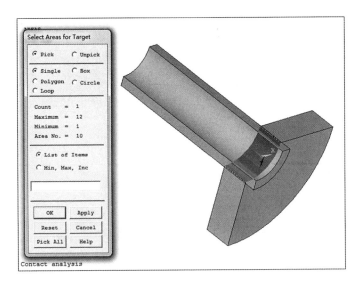

图 9.18　选择目标面

7）在 Friction 选项卡中，选择 Stiffness matrix 下拉列表框中的"Unsymmetric"，指定本实例的接触刚度为非对称矩阵。其余的设置保持默认，如图 9.22 所示，单击 OK 按钮，完成对接触选项的设置。

8）单击 Create 按钮，弹出如图 9.23 所示的对话框，ANSYS 程序将根据前面的设置来创建接触对。

9）单击 Finish 按钮关闭对话框。在 Contact Manager 对话框中，将显示出刚定义的接触对，其实常数为 3。关闭接触管理器。接触对如图 9.24 所示。

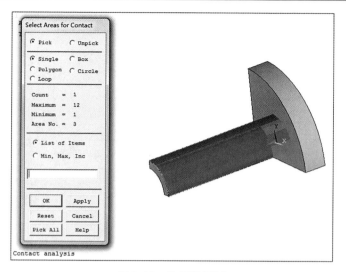

图 9.19　选择接触面

图 9.20　设置接触对属性

9.1.2　加载与求解

本实例的分析过程由两个载荷步组成：第一个载荷步为盘轴静力接触分析，求解盘轴过盈安装时的应力情况；第二个载荷步为将轴从盘心拔出时的接触分析，分析在这个过程中盘心面和轴的外表面之间的接触应力。它们都属于大变形问题，属于非线性问题。在分析时需要定义一些非线性选项来帮助问题的收敛。下面进行本实例的加载和求解操作。

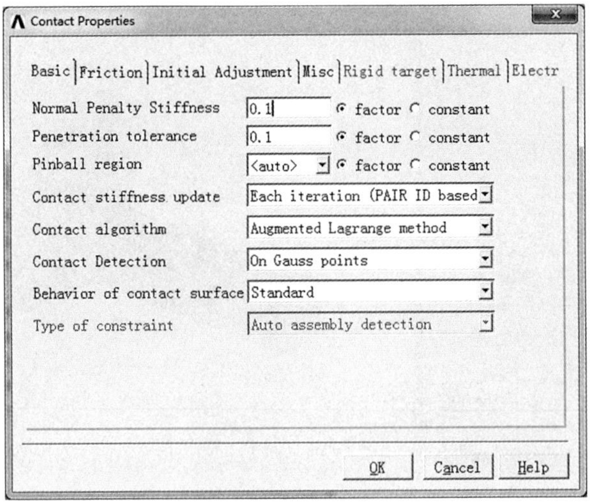

图 9.21　基本设置选项

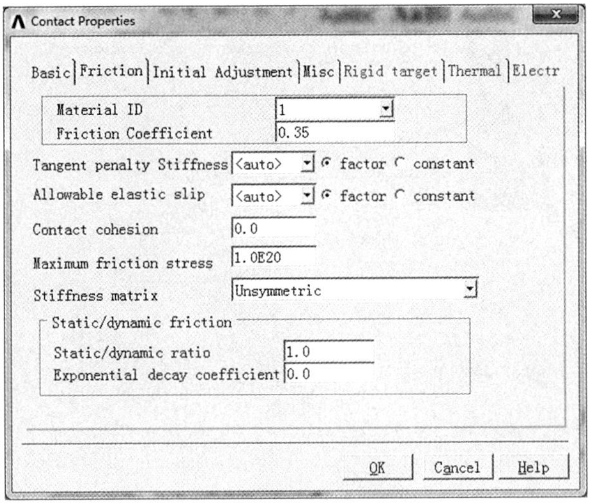

图 9.22　设置摩擦选项

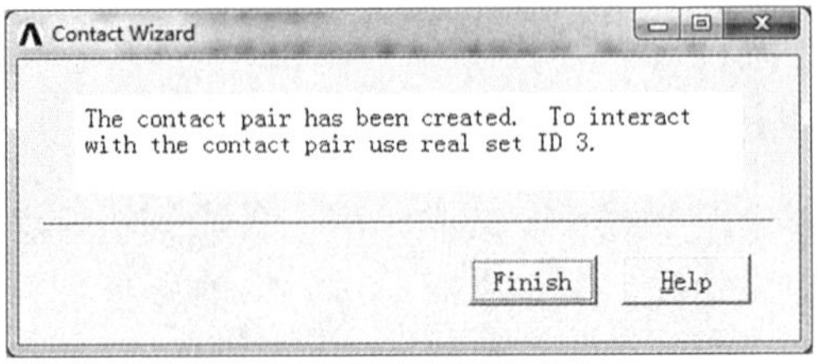

图 9.23　完成接触对的创建

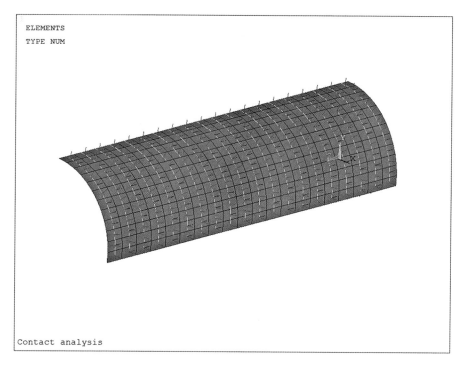

图 9.24 定义的接触对

（1）定义边界条件并施加约束

1）定义轴对称边条。在 ANSYS 中，单击 Main Menu > Solution > Define Loads > Apply > Structural > Displacement > Symmetry B. C. > On Areas 命令，弹出如图 9.25 所示的 Apply SYMM on Areas 拾取对话框。选中轴和盘的四个径向截面，单击 OK 按钮，完成轴对称边界条件的施加。

2）对盘施加位移约束。在 ANSYS 中，单击 Main Menu > Solution > Define Loads > Apply > Structural > Displacement > On Areas 命令，弹出如图 9.26 所示的 Apply U, ROT on Areas 拾取对话框。选中盘的外缘面，单击 OK 按钮，将弹出如图 9.27 所示 Apply U, ROT on Areas 对话框。

3）在图 9.27 所示的对话框中，选择 DOFs to be constrainted 列表框中的 "All DOF"，其余设置保持默认值（默认的位移值为 0），单击 OK 按钮关闭拾取对话框，完成对位移约束的定义。

（2）定义并求解第一个载荷步

对于本实例，第一个载荷步是盘轴连接时的过盈配合分析，它属于结构静力分析的大变形分析。这里需要进行的工作是指定分析类型、载荷步选项，以及输出文件控制。

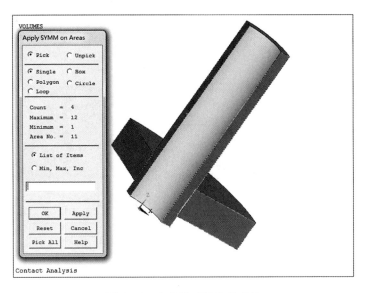

图 9.25 定义轴对称边界条件

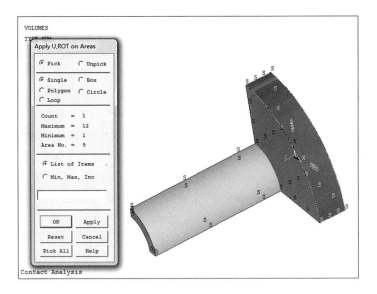

图 9.26 对盘施加位移约束

1）定义分析类型。在 ANSYS 中，单击 Main Menu > Solution > Analysis Type > New Analysis 命令，弹出如图 9.28 所示的 New Analysis 对话框，单击 Static 单选按钮，单击 OK 按钮完成分析类型的定义。

2）设定分析选项。在 ANSYS 中，单击 Main Menu > Solution > Analysis Type > Sol'n Controls 命令，弹出如图 9.29 所示的 Solution Controls 对话框。在 Basic 选项卡中，选择 Analysis Options 选项组中下拉列表框中的 "Large Displacement Static"。在

Time Control 选项组中的 Time at end of loadstep 文本框中输入"100",选择 Automatic time stepping 下拉列表框中的"Off"。其余设置保持默认,单击 OK 按钮。

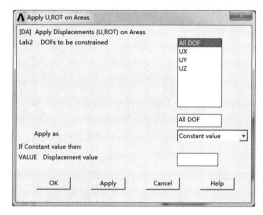

图 9.27　约束自由度

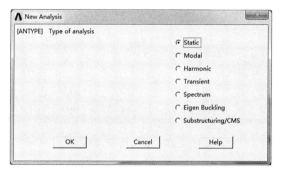

图 9.28　定义分析类型

3)求解。在 ANSYS 中,单击 Main Menu > Solution > Solve > Current LS 命令, 弹出 STATUS Command 窗口和 Solve Current Load Step 对话框,单击 OK 按钮,对当前载荷步进行求解。经过运算求解之后,将弹出如图 9.30 所示的提示对话框,单击 Close 按钮。

4)求解完成之后 ANSYS 图形显示窗口中显示的是求解过程的迭代曲线。在实用菜单栏(Utility Menu)中,单击 Plot > Replot 命令,可以对窗口中的内容重新显示成盘轴结果的有限元模型。

(3)定义并求解第二个载荷步

本实例中,第二载荷步是求解将轴从盘心拔出过程中轴和盘的接触应力情况。在这个载荷步中需要定义轴的位移值(沿轴向移动的距离),同时,需要定义多个载荷子步来进行迭代求解。下面是定义并求解第二载荷步的具体操作过程。

1)设定分析选项。在 ANSYS 中,单击 Main Menu > Solution > Analysis Type > Sol'n Controls 命令,弹出如图 9.31 的 Solution Controls 对话框。单击 Basic 选项卡,

选择 Analysis Options 选项组中的下拉列表框中的"Large Displacement Static"。在 Time Control 选项组中的 Time at end of loadstep 文本框中输入"250"，选择 Automatic time stepping 下拉列表框中的"On"，在 Number of substeps 文本框中输入 "150"，在 Max no. of substeps 文本框中输入"10000"，在 Min no. of substeps 文本框中输入"10"。

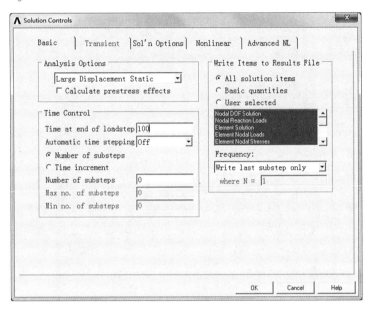

图 9.29　设定分析选项

图 9.30　求解完成提示框

2）选择对话框右边的 Write Items to Results File 选项组中的 Frequency 下拉列表框中的"Write every substep"，将每个载荷子步结果都输出到结果文件中。然后单击 OK 按钮。

3）施加位移载荷（将轴沿轴向平移 40mm，拔出盘孔）。在实用菜单栏 (Utility Menu) 中，单击 Select > Entities 命令，弹出如图 9.32 的 Select Entities 对话框。选中第一个下拉列表框中的"Nodes"，指定选择对象为节点。选中第二个下拉列表框中的"By Location"，指定选择方式为根据坐标值来选取。单击 Z coordinates 单选按钮，在 Min，Max 文本框中输入"152"，选取 Z 坐标为 152 的所有节点。单击 Sele All 按钮，接着单击 OK 按钮，完成选取。

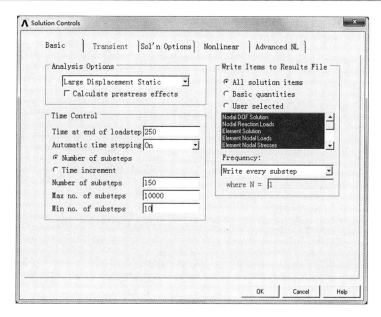

图 9.31　设定分析选项

4）在 ANSYS 中，单击 Main Menu > Solution >
Define Loads > Apply > Structural > Displacement > On
Nodes 命令，弹出施加节点位移载荷拾取对话框，单击
对话框中的 Pick All 按钮，将弹出如图 9.33 所示的
Apply U，ROT on Nodes 对话框。选择对话框中 DOFs to
be constrained 列表框中的 "UZ"，然后在 Displacement
value 文本框中输入 "40"，其余设置保持默认，单击
OK 按钮关闭对话框，完成位移载荷的施加。

5）在实用菜单栏（Utility Menu）中单击 Select >
Everything 命令，选取所有的有限元元素。

6）由于大变形影响和加载方式在第一载荷步中都
已经设置，这里不需要再重新定义。下面直接求解第
二载荷步。在 ANSYS 中，单击 Main Menu > Solution >
Solve > Current LS 命令，弹出 STATUS Command 窗口和

图 9.32　选取轴面上的节点

Solve Current Load Step 对话框，单击 OK 按钮，对当前载荷步进行求解。经过运算
求解之后，将弹出如图 9.34 所示的提示对话框，单击 Close 按钮。

7）求解完成之后，ANSYS 图形显示窗口中显示的是求解过程的迭代曲线。

至此完成了将轴从盘心拔出过程中接触应力的分析，下面通过 ANSYS 的后处
理功能来观测求解的结果。

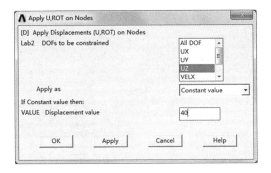

图 9.33　施加位移载荷

图 9.34　求解完成提示框

9.1.3　分析结果

上节对轴和盘的接触分析进行了求解，下面首先将分析过程中建立的四分之一模型扩展成完整的盘轴结构模型，然后通过通用后处理器（POST1）和时间 – 历程后处理器（POST26）来观察求解的结果。

（1）使用通用后处理器观察结果

在通用后处理器中，主要观察两个载荷步求解的盘轴过盈配合应力和将轴从盘孔拔出时在接触面上的接触应力情况。也可通过 ANSYS 提供的动画功能观察整个过程的动画显示，具体操作过程如下：

1）扩展模型。在实用菜单栏（Utility Menu）中，单击 PlotCtrls > Style > Symmetry Expansion > Periodic/Cyclic Symmetry 命令，弹出如图 9.35 所示的 Periodic/Cyclic Symmetry Expansion 对话框。

2）单击对话框中的 1/4 Dihedral Sym 单选按钮，原来建立的四分之一模型将会被扩展成为整个的盘轴结构模型，如图 9.36 所示。

3）查看过盈配合时盘轴结构的应力分布情况。在 ANSYS 中，单击 Main Menu > General Postproc > Read Results > By Load Step 命令，弹出如图 9.37 所示的 Read Results by Load Step Number 对话框，保持对话框中的默认设置，单击 OK 按钮关闭对话框，读取第一载荷步的最后一个载荷子步的结果。

4）在 ANSYS 中，单击 Main Menu > General Postproc > Plot Results > Contour Plot > Nodal Solution 命令，弹出如图 9.38 所示 Contour Nodal Solution Data 对话框。

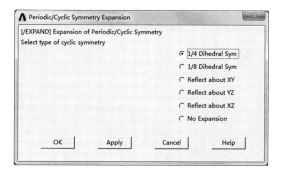

图 9.35　模型扩展对话框

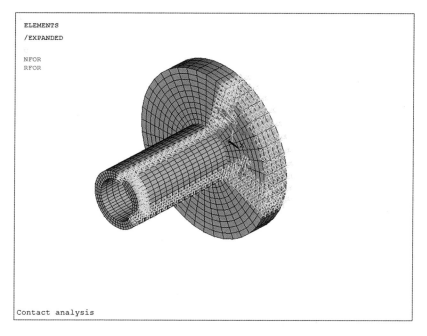

图 9.36　扩展后的模型

图 9.37　读取载荷步

图 9.38　绘制节点解数据的等值线对话框

5）在对话框中的列表框中选择"Stress"并使其高亮显示，选择 Von Mises stress，单击 OK 按钮。在 ANSYS 图形输出窗口中将会显示盘轴结构过盈配合产生的等效应力等值线图，如图 9.39 所示。

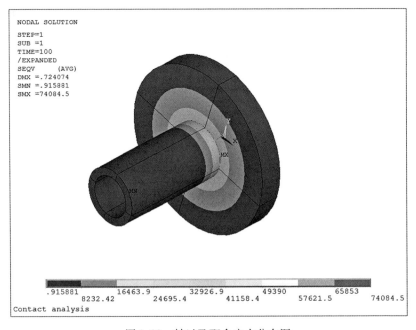

图 9.39　轴过盈配合应力分布图

6）查看拔出过程中某一时刻轴的接触面上的压力分布。在 ANSYS 中，单击 Main Menu > General Postproc > Read Results > By Time/Freq 命令，弹出如图 9.40 所

示的 Read Results by Time or Frequency 对话框。在 Value of time or freq 文本框中输入 "100"，指定时间为 100 s，然后单击按钮关闭对话框。

7）选取接触单元。在实用菜单栏（Utility Menu）中，单击 Select > Entities 命令，弹出如图 9.41 所示的 Select Entities 对话框。选择第一个下拉列表框中的 "Elements"，指定选择对象为单元。选中第二个下拉列表框中的 "By Elem Name"，指定选择方式为根据单元名来选取。在 Element Name 文本框中输入 "174"，指定选取所有接触单元。单击 Sele All 按钮，接着单击 OK 按钮，完成选取。

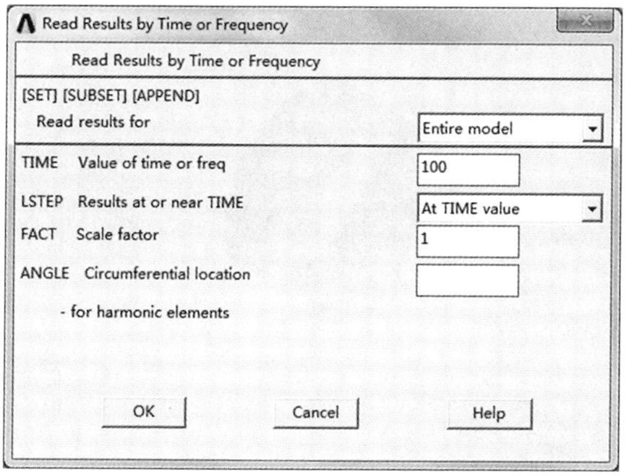

图 9.40 查看指定时间下的压力分布情况

图 9.41 选取接触单元

8）显示选择结果。在实用菜单栏（Utility Menu）中，单击 Plot > Elements 命令，在图形输出窗口中将显示选取的所有接触单元，如图 9.42 所示。

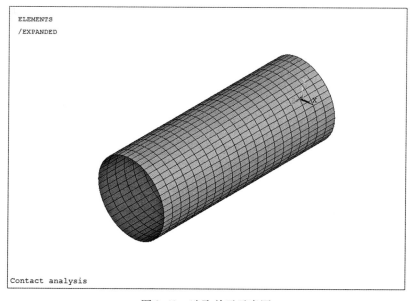

图 9.42 选取单元示意图

9）在 ANSYS 中，单击 Main Menu > General Postproc > Plot Results > Contour Plot > Nodal Solu 命令，弹出 Contour Nodal Solution Data 对话框。在对话框中的列表框中，选择 "Contact" 并使其高亮度显示，选择 "Contact pressure"，单击 OK 按钮。在 ANSYS 图形输出窗口中，将会显示盘轴结构在 100 s 时接触单元上的压力分布云图，如图 9.43 所示。

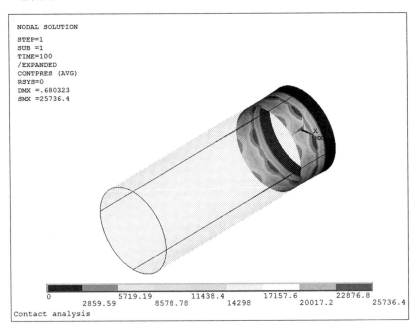

图 9.43 接触单元上的压力分布云图

10）在实用菜单栏（Utility Menu）中，单击 Select > Everything 命令，选取所有有限元元素。

（2）使用时间 – 历程后处理器分析结果

使用 ANSYS 提供的时间 – 历程变量查看器来定义相应的时间历程变量，绘制出不同变量随时间变化的曲线，具体的操作步骤如下：

1）在 ANSYS 中，单击 Main Menu > TimeHist Postpro 命令，进入时间 – 历程后处理器。将弹出如图 9.44 所示的 Time History Variables 对话框。

2）定义轴端面上的节点沿 Z 方向的约束反力的时间 – 历程变量。在时间 – 历程变量对话框中，单击工具栏左侧的 Add Data ✚ 按钮，将弹出如图 9.45 所示的 Add Time History Variable 对话框。

3）在添加时间 – 历程变量对话框中的 Result Item 列表框中，依次选取 Reaction Forces > Structural Forces > Z-Component of force 命令，Variable Name 将会变为 FZ_2，然后单击 OK 按钮关闭对话框。此时将会弹出节点选择对话框，在图形输出窗口中选择轴向坐标为 152 的轴面上的某一节点，单击 OK 按钮。将会在时间 – 历程变量查看器中的变量列表框中显示定义的 2 号变量 FZ_2。

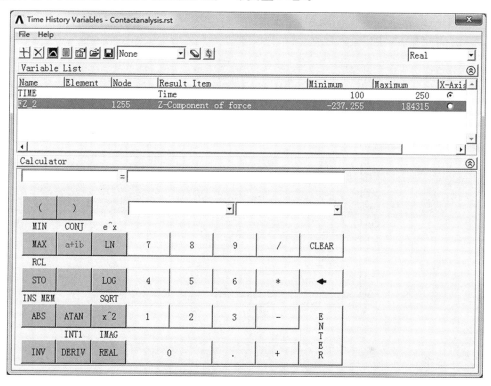

图 9.44　时间 – 历程变量对话框

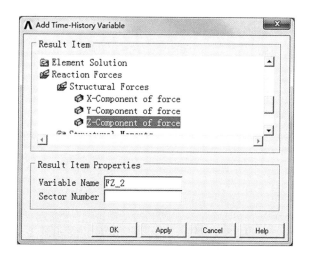

图 9.45　添加时间 – 历程变量对话框

4）绘制 Z 方向约束随时间的变化曲线。单击时间 – 历程变量对话框中工具栏上的 Graph Data 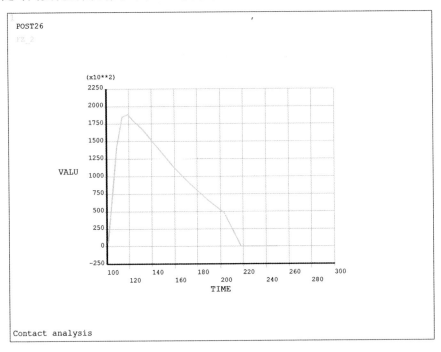 按钮，ANSYS 的图形窗口将绘制出端面节点沿 Z 轴方向的约束反力随时间变化的曲线，如图 9.46 所示。

图 9.46　圆盘端面上节点的约束反力随时间变化的曲线

9.1.4　命令流

```
/NOPR                                   ! 指定分析范围为结构分析
KEYW, PR_SET, 1
KEYW, PR_STRUC, 1
/VERIFY, Contact analysis
/TITLE, Contact analysis                ! 定义标题
/PREP7
ET, 1, SOLID185
MP, EX, 1, 2e6
MP, PRXY, 1, 0.3
CYL4, 0, 0, 22.5, 0, 31, 90, 160        ! 创建 1/4 空心轴
CYL4, 0, 0, 30, 0, 90, 90, 25           ! 创建 1/4 圆盘
VGEN,, 2,,,,, 8,,, 1                     ! 移动圆盘向 Z 轴正方向移动 8m
LESIZE, 16,,, 10,,,,, 1
```

```
LESIZE, 17,,, 10,,,,, 1
LESIZE, 21,,, 4,,,,, 1
LESIZE, 22,,, 4,,,,, 1
LESIZE, 18,,, 10,,,,, 1
LESIZE, 20,,, 10,,,,, 1
LESIZE, 5,,, 12,,,, 1
LESIZE, 7,,, 12,,,,, 1
LESIZE, 6,,, 3,,,,, 1
LESIZE, 8,,, 3,,,,, 1
LESIZE, 10,,, 20,,,,, 1
LESIZE, 12,,, 20,,,,, 1
VSWEEP, ALL                              ! 用扫掠方式对创建的体进行网格划分
/COM, CONTACT PAIR CREATION – START
MP, MU, 1, 0. 35
MAT, 1
R, 3
REAL, 3
ET, 2, 170                               ! 目标单元
ET, 3, 174                               ! 接触单元
R, 3,,, 0. 1, 0. 1, 0,
RMORE,,, 1. 0E20, 0. 0, 1. 0,
RMORE, 0. 0, 0, 1. 0,, 1. 0, 0. 5
RMORE, 0, 1. 0, 1. 0, 0. 0,, 1. 0
NROPT, UNSYM
! Generate the target surface
ASEL, S,,, 10                            ! 选择面 10
CM, _TARGET, AREA
TYPE, 2
NSLA, S, 1                               ! 选择面上的 node，1 代表边界上的 node 也
                                           选中（0 表示不选择边界上的节点）
ESLN, S, 0                               ! 选择附着在节点上的单元
ESURF, ALL
! Generate the contact surface
ASEL, S,,, 3
CM, _CONTACT, AREA
TYPE, 3
NSLA, S, 1
ESLN, S, 0
ESURF, ALL
```

```
CMDEL,  _TARGET
CMDEL,  _CONTACT
ALLSEL,  ALL
EPLOT
FINISH
/SOLU
DA,  5,  SYMM
DA,  6,  SYMM
DA,  11,  SYMM
DA,  12,  SYMM
DA,  9,  ALL
ANTYPE,  0                                    ! 指定分析类型为静力分析
NLGEOM,  1                                    ! 考虑大变形影响
AUTOTS,  0
TIME,  100
SOLVE                                         ! 求解第一载荷步
NSUBST,  150,  10000,  10
OUTRES,  ALL,  ALL
AUTOTS,  1
TIME,  250
NSEL,  S,  LOC,  Z,  152                       ! 选定轴向坐标为 152 的所有节点
D,  ALL,  UZ,  40
ALLSEL,  ALL
SOLVE                                         ! 求解第二载荷步
/EXPAND,  4,  POLAR,  HALF,,  90              ! 进行模型扩展
/REPLOT
/POST1                                        ! 进入同样后处理器
SET,  1,  LAST,  1,                            ! 指定查看的载荷步
PLNSOL,  S,  EQV,  0,  1                       ! 查看等效应力的云图
SET,,,  1,,  100,,
ESEL,  S,  ENAME,,  174
EPLOT
PLNSOL,  CONT,  PRES,  0,  1                   ! 查看接触单元上的压力分布云图
/POST26
FILE,  'file',  'rst',  '.'
/UI,  COLL,  1
RFORCE,  2,  857,  F,  Z,  FZ_2               ! 定义约束反力变量
PLVAR,  2,                                     ! 绘制变量时间曲线
```

9.2　存在问题分析

（1）两个圆柱体在几何上是刚好接触，过盈量为 0，但是在划分网格之后出现了明显的间隙。如图 9.47 所示，在初始状态下，两个圆柱体是刚好相切的，划分网格之后，由于圆周被小段的直线所代替，两个圆柱体最终肯定会出现间隙，由此便出现了一定数值的过盈量。如果接触参数的数值设置不当，就会出现初始约束不足，圆柱体出现刚性位移的错误情况。

（2）在之前的实例中，错误地将圆柱体和圆盘的接触部位设定了一定的过盈量，想用这个方法来模拟过盈装配，从而做接触分析，这种方式是错误的，几何的过盈量和划分网格之后的实际过盈量是不相同的。如图 9.48 所示，是一个孔和轴的截面图，轴和孔在几何位置上预设了过盈量（内部的圆和折线是孔边界，外侧的圆和折线是轴边界，轴和孔在几何上是相互侵入的）。

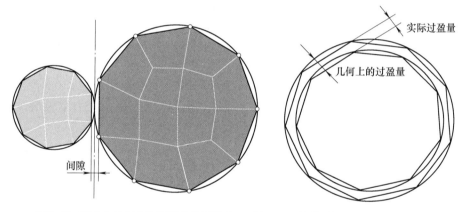

图 9.47　两个在几何上刚好接触的圆柱体　　图 9.48　轴类零件和孔类零件过盈配合的示意图

图 9.48 的轴和孔有一定的过盈配合量，其大小等于两个圆的半径之差，我们本想用这个几何位置上的过盈量表示实际过盈量。然而，两个部件划分网格之后，实际的过盈量应该为单元之间的距离，即图中靠得比较近的两条线段之间的距离，显然，这个距离不再等于我们预先设置的过盈量了。更何况，上面这个图还是两个部件的网格对得比较整齐的情况，如果网格对得不整齐，过盈量就和我们预设的差得更远了。对于过盈配合来讲，过盈量的数值变化对于过盈产生的应力的影响是很大的。

（3）在 ANSYS 中，要正确地设置过盈配合，主要分两步：

1）设置 KEYOPT（9）=4

KEYOPT（9）的默认值为 0，意思是既考虑两个接触部件由于初始几何位置造成的初始侵入量（或者间隙），同时也考虑 CNOF 参数设置的偏移量，意即接触部件的初始接触状态是由 CNOF 和初始侵入量（或间隙）共同决定的。在这种情况下，两个接触部件的初始几何位置对初始接触状态是有影响的，这对于准确设置过盈量是很不利的（实例 9.1 已经说明了通过几何位置设置初始过盈量是不准确的）。

在设置了 KEOPT（9）= 4 之后，程序在计算初始接触状态的时候就只考虑 CNOF 的设置值，不考虑接触部件的几何位置造成的侵入或间隙，而且过盈量是以 ramp 方式施加的（ramp 施加方式即逐步施加）。

2）划分网格后，接触面和目标面上的单元之间会有间隙或者过盈量，如果间隙或者过盈量在 Icont 设定误差范围内，间隙或者过盈量会被消除掉，ANSYS 能够自动提供 CNOF 值到刚好闭合间隙或减小初始穿透。程序会使接触面和目标面上的单元处于刚好接触的状态，本例中以盘的内侧面为接触面，轴的外侧面为目标面，过盈量为正值就代表接触面偏向目标面，真正的接触状态就是盘紧紧地扣在轴上。本文中的过盈量设置为 0.003 mm。

（4）问题修正

圆盘的公称尺寸为：内径 Rpin = 30 mm，外径 Rpout = 90 mm，盘高 Hp = 25 mm；

轴的公称尺寸为：内径 Rain = 22.5 mm，外径 Raout = 30 mm（实例 9.1 中此值为 31 mm），轴长 La = 160 mm。

在之前的实例中轴外径为 Raout = 30 mm，和圆盘在几何上形成 1 mm 的过盈量。由于结构是完全轴对称的，故可只取四分之一模型分析之。

本例分析中，取过盈量 f = 0.003 mm，而且本例仅计算由于过盈配合所产生的应力。按照本例各个物理量所取的单位，最终的计算结果中，应力单位应该为 MPa；实体单元类型选择带中间节点的 2 阶六面体单元 Solid186。

9.3　修正后的 GUI 操作及命令流

本实例的轴为一等直径空心轴，盘为等厚度圆盘，其结构及尺寸如图 9.49 所示。

9.3.1　前处理

（1）设定项目名称

1）打开 ANSYS Mechanical APDL，设定项目名称和标题。在实用菜单栏（Utility Menu）中，单击 File > Change Jobname 命令、在实用菜单栏（Utility Menu）中，单击 Change Tile 命令，本实例的标题可以命名为：Contact analysis，相关操作如图 9.50 所示。

2）为了在后面进行菜单方式操作时的简便，需要在开始分析时就指定本实例分析范围为 Structural。在 ANSYS 中，单击 Main Menu > Preferences 命令，在弹出对话框中单击 structural 单选按钮，单击 OK 按钮完成分析范围指定，相关操作如图 9.51 所示。

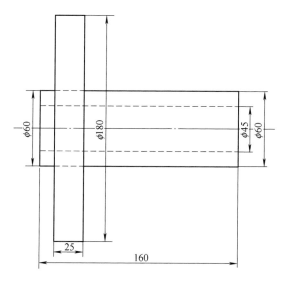

图 9.49　盘轴结构示意图

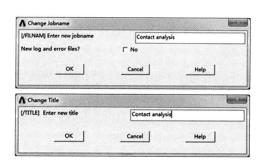

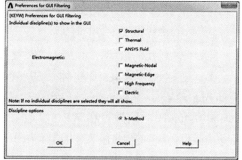

图 9.50　设定项目名称和标题　　　　　　图 9.51　指定分析范围

（2）定义单元类型

在 ANSYS 中，单击 Main Menu > Preprocessor > Element Type > Add/Edit/Delete 命令，弹出 Element Types 对话框，单击 Add 按钮，将弹出如图 9.52 所示的 Library of Element Types 对话框，在左侧列表框中选择"Structural Solid"，并在右侧列表框中选择"20node 186"，单击 OK 按钮；接着单击 Close 按钮。

（3）定义材料参数

在 ANSYS 中，单击 Main Menu > Preprocessor > Material Props > Material Models 命令，弹出如图 9.53 所示的 Define Material Model Behavior 对话框，在右侧列表框中，依次选取 Structural > Linear > Elastic > Isotropic。单击 Isotropic，弹出如图 9.54 所示的对话框，在 EX（弹性模量）文本框中输入"2e6"，在 PRXY（泊松比）文本框中输入"0.3"，单击 OK 按钮。关闭所有对话框。

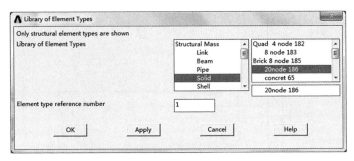

图 9.52 定义单元类型

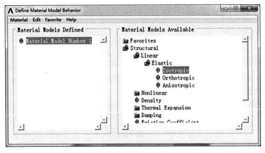

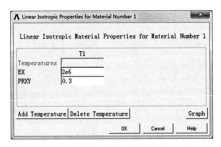

图 9.53 定义材料属性   图 9.54 定义弹性模量和泊松比

（4）建立几何模型

1）创建 1/4 空心圆柱体。在 ANSYS 中，单击 Main Menu > Preprocessor > Modeling > Create > Volumes > Cylinder > Partial Cylinder 命令，弹出如图 9.55 所示的 Partial Cylinder 对话框。在 WP X（轴心横坐标）文本框中输入 "0"，在 WP Y（轴心纵坐标）文本框中输入 "0"，在 Rad-1（内径）文本框中输入 "22.5"，在 Theta-1（起始角度）文本框中输入 "0"，在 Rad-2（外径）文本框中输入 "30"，在 Theta-2（终止角度）文本框中输入 "90"，在 Depth 文本框中输入 "160"。单击对话中的 OK 按钮关闭对话框。

2）创建 1/4 圆盘。在 ANSYS 中，单击 Main Menu > Preprocessor > Modeling > Create > Volumes > Cylinder > Partial Cylinder 命令，弹出如图 9.56 所示的 Partial Cylinder 对话框。在 WP X（轴心横坐标）文本框中输入 "0"，在 WP Y（轴心纵坐标）文本框中输入 "0"，在 Rad-1（内径）文本框中输入 "30"，在 Theta-1（起始角度）文本框中输入 "0"，在 Rad-2（外径）文本框中输入 "90"，在 Theta-2（终止角度）文本框中输入 "90"，在 Depth 文本框中输入 "25"。单击对话中的 OK 按钮关闭对话框。

3）将圆盘移动到合适的位置。在 ANSYS 中，单击 Main Menu > Preprocessor > Modeling > Move/Modify > Volumes 命令，弹出如图 9.57 所示的 Move Volumes 对话框，拾取 1/4 圆盘，单击 OK 按钮，将弹出如图 9.58 所示的 Move Volumes 对话框，在 Z-offset in Active CS 文本框中输入 "8"，单击 OK 按钮。

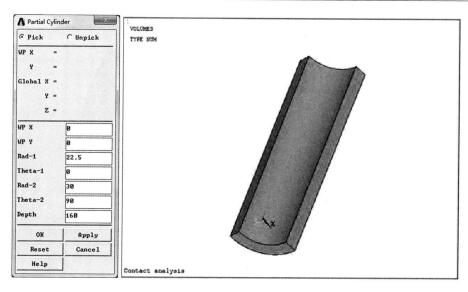

图 9.55 创建 1/4 空心圆柱体

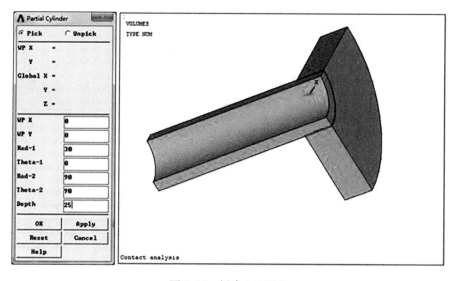

图 9.56 创建 1/4 圆盘

（5）划分网格

1）对圆盘端面的线进行分网控制。在 ANSYS 中，单击 Main Menu > Preprocessor > Meshing > Mesh Tool 命令，弹出 Mesh Tool 对话框，在 Size Controls 选项组中，单击 Lines 的 Set 按钮，将弹出如图 9.59 所示的 Element Sizes on Picked Lines 对话框，单击选中圆盘端面周向的两条线，单击 OK 按钮，将弹出如图 9.60 所示的 Element Sizes on Picked Lines 对话框，在 No. of element divisions 文本框中输入 "10"，即圆盘沿周向被划分为 10 个单元。单击 Apply 按钮。

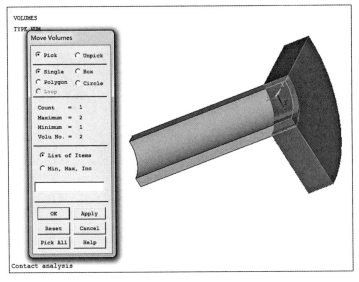

图 9.57 移动体操作

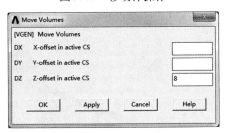

图 9.58 设置移动体参数

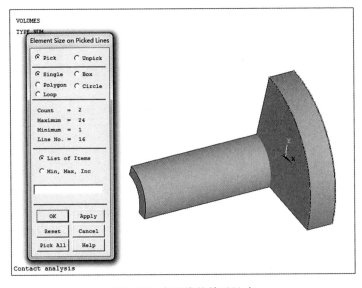

图 9.59 定义线的单元尺寸

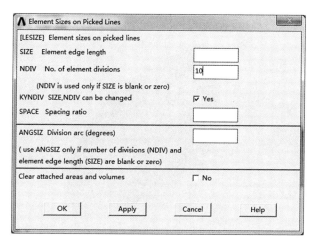

图 9.60　定义线的单元尺寸

2）对圆盘进行网格控制。重复以上步骤，将圆盘端面轴向的两条线划分为 4 份；将圆盘端面径向的两条线划分为 10 份。

3）对圆盘进行网格划分。选择分网工具对话框中的 Mesh 下拉列表框中的 "Volume"，指定分网对象为体。再单击 Shape 控制区的 Hex 单选按钮，指定形状为六面体。单击其下面的 Sweep 单选按钮，指定分网方式为扫掠，再单击对话框中的 Sweep 按钮，将弹出如图 9.61 所示的 Volume Sweeping 拾取对话框，单击选中圆盘，将其选中，单击拾取对话框中的 OK 按钮，如图 9.62 所示，完成对圆盘的网格划分。

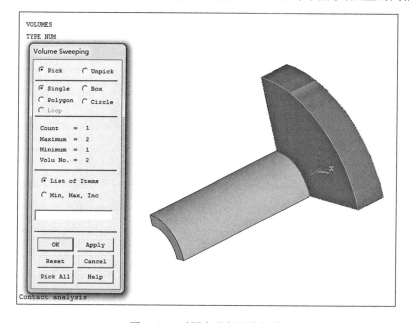

图 9.61　对圆盘进行网格划分

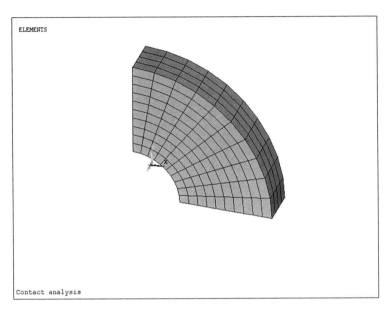

图 9.62　划分后的 1/4 圆盘

4）对轴进行网格划分。在实用菜单栏（Utility Menu）中，单击 Plot > Volumes 命令，显示全部体模型。重复步骤 1）～3），将轴周向划分 12 份，径向划分 3 份，轴向划分 20 份，同样用扫掠的方式对其进行网格划分。如图 9.63 所示，完成对模型的网格划分。

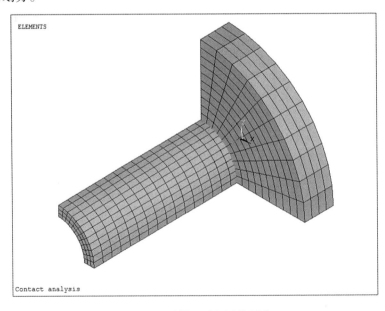

图 9.63　对模型进行网格划分

（6）创建接触对

1）打开接触管理器。在 ANSYS 中，单击 Main Menu > Preprocessor > Modeling > Create > Contact Pair 命令，弹出如图 9.64 所示的 Contact Manager 对话框。

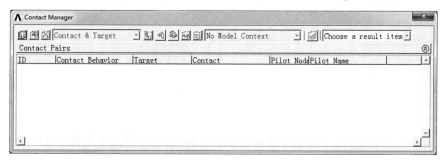

图 9.64　接触管理器

2）单击接触管理器中的工具栏上的最左边 Contact Wizard 按钮，将弹出如图 9.65 所示的 Contact Wizard 对话框。

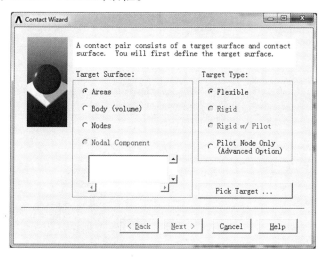

图 9.65　接触向导对话框

3）在 Target Surface 选项组中，单击 Areas 单选按钮，指定接触目标表面为面。单击 Pick Target…按钮来选择具体的目标面，将弹出如图 9.66 所示的 Select Area for Target 拾取对话框。选中轴的外环面，单击拾取对话框的 OK 按钮，这时，Contact Wizard 对话框中的 Next 按钮将被激活，单击 Next 按钮进入下一步，将弹出选中接触面的对话框。

4）在 Contact Surface 选项组中，单击 Areas 单选按钮，指定接触目标表面为面。单击 Pick Target…按钮来选择具体的接触面，将弹出如图 9.67 所示的 Select Area for Target 拾取对话框。选中 1/4 圆盘的盘心面，单击拾取对话框的 OK 按钮，这时，Contact Wizard 对话框中的 Next 按钮将被激活，单击 Next 按钮进入下一步，对接触对的属性进行设置。

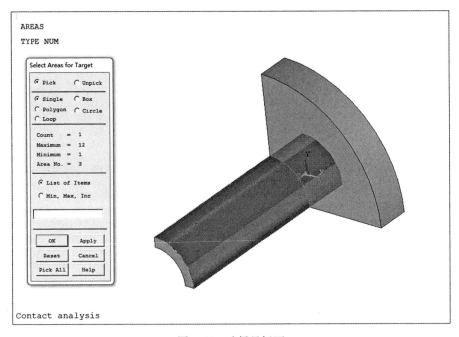

图 9.66　选择目标面

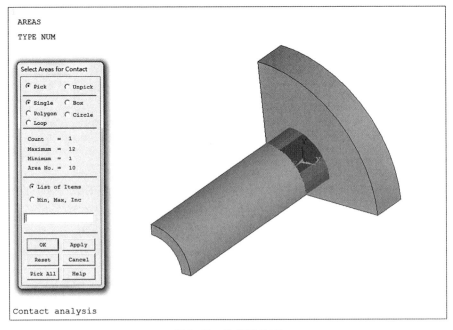

图 9.67　选择接触面

5) 在如图 9.68 所示的 Contact Wizard 对话框中，单击 Include initial penetration 复选按钮，选择 Material ID 下拉列表框中的 "1"，指定接触材料属性为一号材料。在 Coefficient of Friction 文本框中输入 "0.35"，指定摩擦因数为 0.35。单击 Optional settings 按钮，来对接触问题的其他选项进行设置。

图 9.68　设置接触对属性

6) 在如图 9.69 所示的 Contact Properties 对话框中的 Normal Penalty Stiffness 文本框中输入 "0.1"，指定接触刚度的处罚系数为 0.1。然后单击对话框上部的 Friction 标签，打开对摩擦选项进行设置的选项卡。

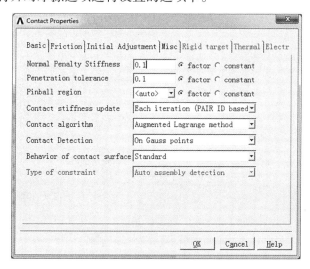

图 9.69　基本设置选项

7）在 Friction 选项卡中，选择 Stiffness matrix 下拉列表框中的"Unsymmetric"，指定本实例的接触刚度为非对称矩阵。其余的设置保持默认，如图9.70所示。

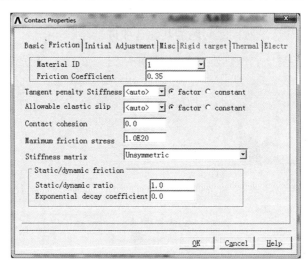

图 9.70　设置摩擦选项

8）在 Initial Adjustment 选项卡中，在 Initial penetration 下拉列表框中选择 Include offset only with ramp，在 Contact surface offset 文本框中填入"0.003"，即指定过盈量为 0.003 mm，在 Automatic contact adjustment 下拉列表框中选择"Close gap/Reduce penetration"。其余的设置保持默认，如图 9.71 所示，单击 OK 按钮，完成对接触选项的设置。

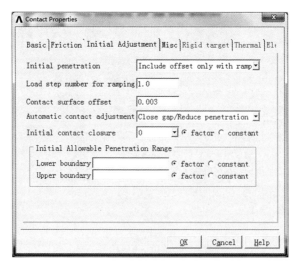

图 9.71　设置初始调整值

9）单击 Create 按钮，弹出如图 9.72 所示的对话框，ANSYS 程序将根据前面的设置来创建接触对。

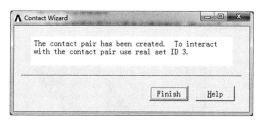

图 9.72　完成接触对的创建

10）单击 Finish 按钮关闭对话框。在 Contact Manager 对话框中，将显示出刚定义的接触对，其实常数为 3。关闭接触管理器。接触对如图 9.73 所示。

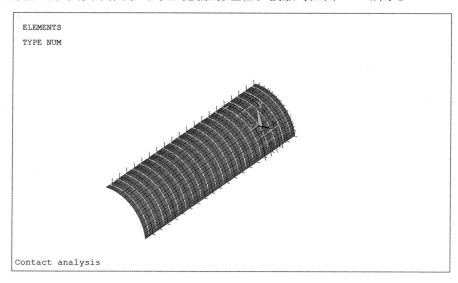

图 9.73　定义的接触对

9.3.2　加载与求解

本实例的分析过程由两个载荷步组成：第一个载荷步为过盈分析，求解盘轴过盈安装时的应力情况。第二个载荷步为将轴从盘心拔出时的接触分析，分析在这个过程中盘心面和轴的外表面之间的接触应力。它们都属于大变形问题，属于非线性问题。在分析时需要定义一些非线性选项来帮助问题的收敛。下面进行本实例的加载和求解操作。

（1）定义边界条件并施加约束

1）定义轴对称边条。在 ANSYS 中，单击 Main Menu > Solution > Define Loads > Apply > Structural > Displacement > Symmetry B. C. > On Areas 命令，弹出如图 9.74

所示的 Apply SYMM on Areas 拾取对话框。选中轴和盘的四个径向截面，单击 OK 按钮，完成轴对称边界条件的施加。

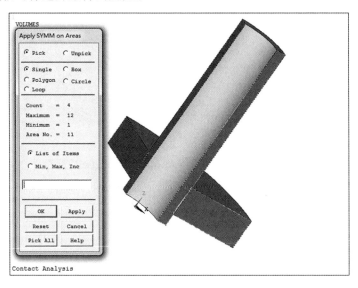

图 9.74 定义轴对称边界条件

2）对盘施加位移约束。在 ANSYS 中，单击 Main Menu > Solution > Define Loads > Apply > Structural > Displacement > On Areas 命令，弹出如图 9.75 所示的 Apply U，ROT on Areas 拾取对话框。选中盘的外缘面，单击 OK 按钮，将弹出如图 9.76 所示的 Apply U，ROT on Areas 对话框。

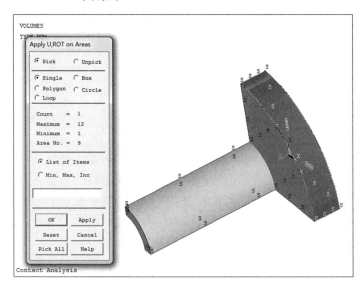

图 9.75 对盘施加位移约束

3）在如图9.76所示的对话框中，选择 DOFs to be constrainted（约束自由度）列表框中的"All DOF"，其余设置保持默认值（默认的位移值为0），单击 OK 按钮关闭拾取对话框，完成对位移约束的定义。

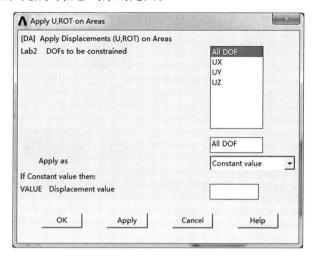

图9.76　约束自由度

（2）定义并求解第一个载荷步

对于本实例，第一个载荷步是盘轴连接时的过盈配合分析，它属于结构静力分析的大变形分析。这里需要进行的工作是指定分析类型、载荷步选项，以及输出文件控制。

1）定义分析类型。在 ANSYS 中，单击 Main Menu > Solution > Analysis Type > New Analysis 命令，弹出如图9.77所示的 New Analysis 对话框，单击 Static 单选按钮，单击 OK 按钮完成分析类型的定义。

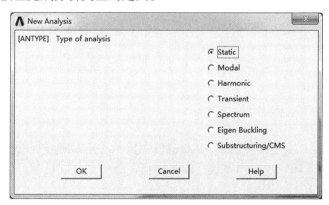

图9.77　定义分析类型

2）设定分析选项。在 ANSYS 中，单击 Main Menu > Solution > Analysis Type >

Sol'n Controls 命令，弹出如图 9.78 所示的 Solution Controls 对话框。在 Basic 选项卡中，选择 Analysis Options 选项组中下拉列表框中的 "Large Displacement Static"。在 Time Control 选项组中的 Time at end of loadstep 文本框中输入 "100"，选择 Automatic time stepping 下拉列表框中的 "Off"。其余设置保持默认，单击 OK 按钮。

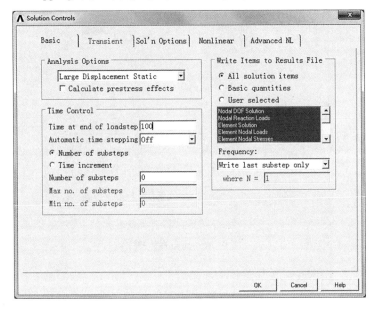

图 9.78　设定分析选项

3）求解。在 ANSYS 中，单击 Main Menu > Solution > Solve > Current LS 命令，弹出 STATUS Command 窗口和 Solve Current Load Step 对话框，单击 OK 按钮，对当前载荷步进行求解。经过运算求解之后，将弹出如图 9.79 所示的提示对话框，单击 Close 按钮。

图 9.79　求解完成提示框

4）求解完成之后 ANSYS 图形显示窗口中显示的是求解过程的迭代曲线。在实用菜单栏（Utility Menu）中，单击 Plot > Replot 命令，可以对窗口中的内容重新显示成盘轴结果的有限元模型。

（3）定义并求解第二个载荷步

本实例中，第二载荷步是求解将轴从盘心拔出过程中轴和盘的接触应力情况。在这个载荷步中需要定义轴的位移值（沿轴向移动的距离），同时，需要定义多个载荷子步来进行迭代求解。下面是定义并求解第二载荷步的具体操作过程。

1) 设定分析选项。在 ANSYS 中，单击 Main Menu > Solution > Analysis Type > Sol'n Controls 命令，弹出如图 9.80 所示的 Solution Controls 对话框。单击 Basic 选项卡，选择 Analysis Options 下拉列表框中的 "Large Displacement Static"。在 Time Control 选项组中的 Time at end of loadstep 文本框中输入 "250"，选择 Automatic time stepping 下拉列表框中的 "On"，在 Number of substeps 文本框中输入 "150"，在 Max no. of substeps 文本框中输入 "10000"，在 Min no. of substeps 文本框中输入 "10"。

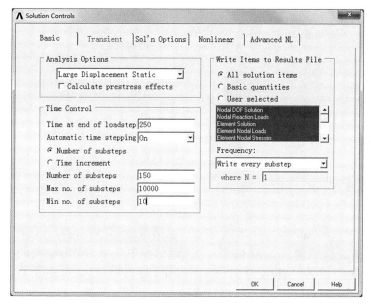

图 9.80　设定分析选项

2) 选择对话框右边的 Write Items to Results File 选项组中的 Frequency 下拉列表框中的 "Write every substep"，将每个载荷子步结果都输出到结果文件中。然后单击 OK 按钮。

3) 施加位移载荷（将轴沿轴向平移 40 mm，拔出盘孔）。在实用菜单栏（Utility Menu）中，单击 Select > Entities 命令，弹出如图 9.81 所示的 Select Entities 对话框。选中第一个下拉列表框中的 "Nodes"，指定选择对象为节点。选中第二个下拉列表框中的 "By Location"，指定选择方式为根据坐标值来选取。单击 Z coordinates 单选按钮，在 Min, Max 文本框中输入 "152"，选取 Z 坐标为 152 的所有节点。单击 Sele All 按钮，接着单击 OK 按钮，完成选取。

图 9.81　选取轴面上的节点

4）在 ANSYS 中，单击 Main Menu > Solution > Define Loads > Apply > Structural > Displacement > On Nodes 命令，弹出施加节点位移载荷拾取对话框，单击对话框中的 Pick All 按钮，将弹出如图 9.82 所示的 Apply U，ROT on Nodes 对话框。选择对话框中 DOFs to be constrained 列表框中的"UZ"。然后在 Displacement value 文本框中输入"40"，其余设置保持默认，单击 OK 按钮关闭对话框，完成位移载荷的施加。

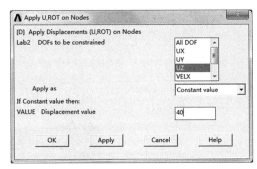

图 9.82　施加位移载荷

5）在实用菜单栏（Utility Menu）中单击 Select > Everything 命令，选取所有的有限元元素。

6）由于大变形影响和加载方式在第一载荷步中都已经设置，这里不需要再重新定义。下面直接求解第二载荷步。在 ANSYS 中，单击 Main Menu > Solution > Solve > Current LS 命令，弹出 STATUS Command 窗口和 Solve Current Load Step 对话框，单击 OK 按钮，对当前载荷步进行求解。经过运算求解之后，将弹出如图 9.83 所示的提示对话框，单击 Close 按钮。

图 9.83　求解完成提示框

7）求解完成之后，ANSYS 图形显示窗口中显示的是求解过程的迭代曲线。

至此完成了将轴从盘心拔出过程中接触应力的分析，下面通过 ANSYS 的后处理功能来观测求解的结果。

9.3.3　结果分析

上节对轴和盘的接触分析进行了求解，下面首先将分析过程中建立的四分之一模型扩展成完整的盘轴结构模型，然后通过通用后处理器（POST1）和时间 – 历程后处理器（POST26）来观察求解的结果。

　　使用通用后处理器观察结果。在通用后处理器中，主要观察两个载荷步求解的盘轴过盈配合应力和将轴从盘孔拔出时在接触面上的接触应力情况。也可通过 ANSYS 提供的动画功能观察整个过程的动画显示，具体操作过程如下：

　　（1）扩展模型。在实用菜单栏（Utility Menu）中，单击 PlotCtrls > Style > Symmetry Expansion > Periodic/Cyclic Symmetry 命令，弹出如图 9.84 所示的 Periodic/Cyclic Symmetry Expansion 对话框。

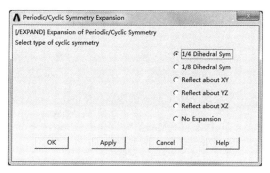

图 9.84　模型扩展对话框

　　（2）单击对话框中的 1/4 Dihedral Sym 单选按钮，原来建立的四分之一模型将会被扩展成为整个的盘轴结构模型，如图 9.85 所示。

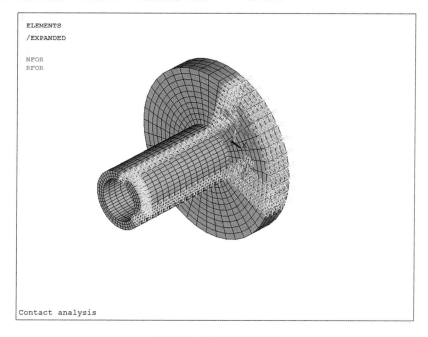

图 9.85　扩展后的模型

（3）查看过盈配合时盘轴结构的应力分布情况。在 ANSYS 中，单击 Main Menu > General Postproc > Read Results > By Load Step 命令，弹出如图 9.86 所示的 Read Results by Load Step Number 对话框，保持对话框中的默认设置，单击 OK 按钮关闭对话框，读取第一载荷步的最后一个载荷子步的结果。

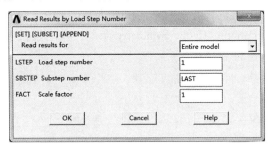

图 9.86　读取载荷步

（4）在 ANSYS 中，单击 Main Menu > General Postproc > Plot Results > Contour Plot > Nodal Solution 命令，弹出如图 9.87 所示的 Contour Nodal Solution Data 对话框。

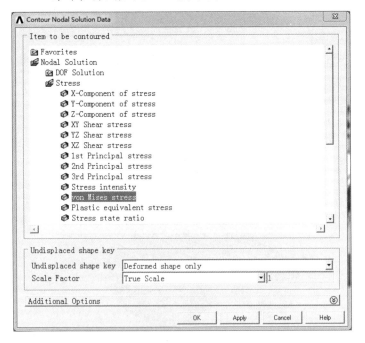

图 9.87　绘制节点解数据的等值线对话框

（5）在对话框中在对话框的列表框中选择 "Stress" 并使其高亮度显示，选择 Von Mises stress，单击 OK 按钮。在 ANSYS 图形输出窗口中将会显示盘轴结构过盈配合产生的等效应力等值线图，如图 9.88 所示。

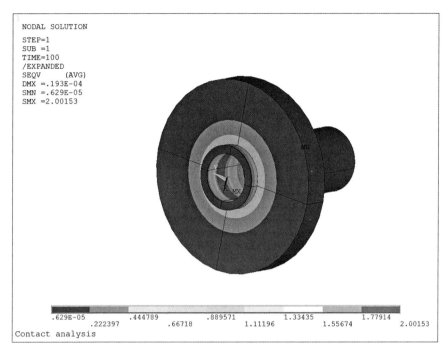

图 9.88　盘轴过盈配合应力分布图

（6）查看拔出过程中某一时刻轴的接触面上的压力分布。在 ANSYS 中，单击
Main Menu > General Postproc > Read Results > By Time/Freq 命令，弹出如图 9.89 所
示的 Read Results by Time or Frequency 对话框。在 Value of time or freq 文本框中输入
"100"，指定时间为 100 s，然后单击按钮关闭对话框。

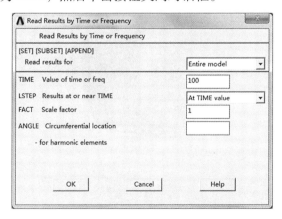

图 9.89　查看指定时间下的压力分布情况

（7）选取接触单元。在实用菜单栏（Utility Menu）中，单击 Select > Entities 命
令，弹出如图 9.90 所示的 Select Entities 对话框。选择第一个下拉列表框中的

"Elements"，指定选择对象为单元。选中第二个下拉列表框中的"By Elem Name"，指定选择方式为根据单元名来选取。在 Element Name 文本框中输入"174"，指定选取所有接触单元。单击 Sele All 按钮，接着单击 OK 按钮，完成选取。

图 9.90　选取接触单元

（8）显示选择结果。在实用菜单栏（Utility Menu）中，单击 Plot > Elements 命令，在图形输出窗口中将显示选取的所有接触单元，如图 9.91 所示。

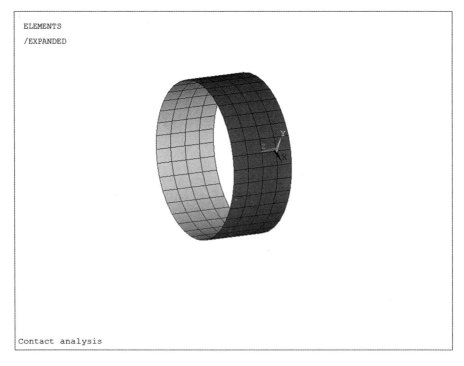

图 9.91　选取单元示意图

（9）在 ANSYS 中，单击 Main Menu > General Postproc > Plot Results > Contour Plot > Nodal Solu 命令，弹出 Contour Nodal Solution Data 对话框。在对话框中的列表框中，选择"Contact"并使其高亮度显示，选择"Contact pressure"，单击 OK 按钮。在 ANSYS 图形输出窗口中，将会显示盘轴结构在 100 s 时接触单元上的压力分布云图，如图 9.92 所示。

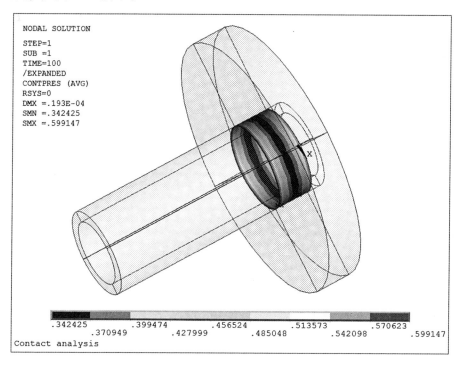

图 9.92　接触单元上的压力分布云图

（10）在实用菜单栏（Utility Menu）中，单击 Select > Everything 命令，选取所有有限元元素。

9.3.4　命令流

```
/PREP7
ET, 1, SOLID186
MPTEMP,,,,,,,,
MPTEMP, 1, 0
MPDATA, EX, 1,, 2e6
MPDATA, PRXY, 1,, 0.3
CYL4, 0, 0, 22.5, 0, 30, 90, 160        ! 创建1/4空心轴
CYL4, 0, 0, 30, 0, 90, 90, 25          ! 创建1/4圆盘
FLST, 3, 1, 6, ORDE, 1
```

```
FITEM, 3, 2
VGEN,, P51X,,,,, 8,,, 1                          ! 移动圆盘向 z 轴正方向移动 8m
LESIZE, 16,,, 10,,,,, 1
LESIZE, 17,,, 10,,,,, 1
LESIZE, 21,,, 4,,,,, 1
LESIZE, 22,,, 4,,,,, 1
LESIZE, 18,,, 10,,,,, 1
LESIZE, 20,,, 10,,,,, 1
LESIZE, 5,,, 12,,,,, 1
LESIZE, 7,,, 12,,,,, 1
LESIZE, 6,,, 3,,,,, 1
LESIZE, 8,,, 3,,,,, 1
LESIZE, 10,,, 20,,,,, 1
LESIZE, 12,,, 20,,,,, 1
VSWEEP, ALL                                      ! 用扫掠方式对创建的体进行网格划分
/COM, CONTACT PAIR CREATION – START
CM, _NODECM, NODE
CM, _ELEMCM, ELEM
CM, _KPCM, KP
CM, _LINECM, LINE
CM, _AREACM, AREA
CM, _VOLUCM, VOLU
/GSAV, cwz, gsav,, temp
MP, MU, 1, 0.35
MAT, 1
MP, EMIS, 1, 7.88860905221e – 031
R, 3
REAL, 3
ET, 2, 170                                       ! 目标单元
ET, 3, 174                                       ! 接触单元
R, 3,,, 0.1, 0.1, 0,
RMORE,,, 1.0E20, 0.003, 1.0,
RMORE, 0.0, 0, 1.0,, 1.0, 0.5
RMORE, 0, 1.0, 1.0, 0.0,, 1.0
KEYOPT, 3, 4, 0
KEYOPT, 3, 5, 3
NROPT, UNSYM
KEYOPT, 3, 7, 0
KEYOPT, 3, 8, 0
```

```
KEYOPT, 3, 9, 4
KEYOPT, 3, 10, 2
KEYOPT, 3, 11, 0
KEYOPT, 3, 12, 0
KEYOPT, 3, 2, 0
KEYOPT, 2, 5, 0
! Generate the target surface
ASEL, S,,, 3                              ! 选择面 3
CM, _TARGET, AREA
TYPE, 2
NSLA, S, 1                                ! 选择面上的 node, 1 代表边界上的 node 也选中
ESLN, S, 0                                ! 选择附着在节点上的单元
ESLL, U
ESEL, U, ENAME,, 188, 189
NSLE, A, CT2
ESURF
CMSEL, S, _ELEMCM
! Generate the contact surface
ASEL, S,,, 10
CM, _CONTACT, AREA
TYPE, 3
NSLA, S, 1
ESLN, S, 0
ESURF
ALLSEL
ESEL, ALL
ESEL, S, TYPE,, 2
ESEL, A, TYPE,, 3
ESEL, R, REAL,, 3
/PSYMB, ESYS, 1
/PNUM, TYPE, 1
/NUM, 1
EPLOT
ESEL, ALL
ESEL, S, TYPE,, 2
ESEL, A, TYPE,, 3
ESEL, R, REAL,, 3
CMSEL, A, _NODECM
CMDEL, _NODECM
```

```
CMSEL, A, _ELEMCM
CMDEL, _ELEMCM
CMSEL, S, _KPCM
CMDEL, _KPCM
CMSEL, S, _LINECM
CMDEL, _LINECM
CMSEL, S, _AREACM
CMDEL, _AREACM
CMSEL, S, _VOLUCM
CMDEL, _VOLUCM
/GRES, cwz, gsav
CMDEL, _TARGET
CMDEL, _CONTACT
/COM, CONTACT PAIR CREATION - END
/MREP, EPLOT
EPLOT
FINISH
/SOL
FLST, 2, 4, 5, ORDE, 4
FITEM, 2, 5
FITEM, 2, -6
FITEM, 2, 11
FITEM, 2, -12
DA, P51X, SYMM
FLST, 2, 1, 5, ORDE, 1
FITEM, 2, 9
/GO
DA, P51X, ALL,
ANTYPE, 0
ANTYPE, 0
NLGEOM, 1
AUTOTS, 0
TIME, 100
/STATUS, SOLU
SOLVE                          ! 对第一个载荷步求解
NSUBST, 150, 10000, 10
OUTRES, ERASE
OUTRES, ALL, ALL
AUTOTS, 1
```

```
TIME，250
NSEL，ALL
NSEL，S，LOC，Z，152
D，P51X,，40,,,，UZ,,,,,
ALLSEL，ALL
/STATUS，SOLU
SOLVE                              ！ 对第二个载荷步求解
EPLOT
/EXPAND，4，POLAR，HALF,，90
/REPLOT
FINISH
/POST1                            ！ 进入同样后处理器
SET，1，LAST，1,                    ！ 指定查看的载荷步
PLNSOL，S，EQV，0，1               ！ 查看等效应力的云图
SET,,，1,，100,,
ESEL，S，ENAME,，174
EPLOT
PLNSOL，CONT，PRES，0，1          ！ 查看接触单元上的压力分布云图
```

参 考 文 献

[1] 曾攀. 有限元基础教程 [M]. 北京：高等教育出版社，2009.

[2] 张洪才，何波. 有限元分析——ANSYS 13.0 从入门到实战 [M]. 北京：机械工业出版社，2012.

[3] 曾攀，雷丽萍. 工程中的有限元方法 [M]. 北京：机械工业出版社，2014.

[4] 宋志安，于涛，李红艳. 机械结构有限元分析 [M]. 北京：国防工业出版社，2010.

[5] 曾攀. 有限元分析及应用 [M]. 北京：清华大学出版社，2004.

[6] 曾攀. 工程有限元方法 [M]. 北京：科学出版社，2010.

[7] 赵均海，汪梦甫. 弹性力学及有限元 [M]. 武汉：武汉理工大学出版社，2008.

[8] 杜平安，于亚婷，刘建涛. 有限元法——原理、建模及应用 [M]. 北京：国防工业出版社，2015.

[9] 刘浩. ANSYS 15.0 有限元分析从入门到精通 [M]. 北京：机械工业出版社，2016.

[10] 李兵. ANSYS Workbench 设计、仿真与优化 [M]. 北京：清华大学出版社，2011.

[11] 陈艳霞，林金宝. ANSYS 14 完全自学一本通 [M]. 北京：电子工业出版社，2013.

[12] 刘伟，高维成，于广滨. ANSYS 12.0 宝典 [M]. 北京：电子工业出版社，2010.

[13] 胡仁喜，徐东升，李亚东. ANSYS 13.0 机械与结构有限元分析从入门到精通 [M]. 北京：机械工业出版社，2011.

[14] 张洪信，王怀敏，孟祥踪. ANSYS 基础与实例教程 [M]. 北京：机械工业出版社，2013.

[15] 张朝晖. ANSYS 12.0 结构分析工程应用实例解析 [M]. 北京：机械工业出版社，2010.

[16] 陈艳霞. ANSYS Workbench 15.0 有限元分析从入门到精通 [M]. 北京：电子工业出版社，2015.

[17] 韩清凯，孙伟，王伯平，等. 机械结构有限单元法基础 [M]. 北京：科学出版社，2013.

[18] 韩清凯，孙伟. 弹性力学及有限元法基础教程 [M]. 沈阳：东北大学出版社，2009.

[19] 王新敏，李义强，许宏伟. ANSYS 结构分析单元与应用 [M]. 北京：人民交通出版社，2011.

[20] 叶先磊，史亚杰. ANSYS 工程分析软件应用实例 [M]. 北京：清华大学出版社，2003.